건축·도시재생의 실현과 환경디자인

일본건축학회 편저 김 영 하 역

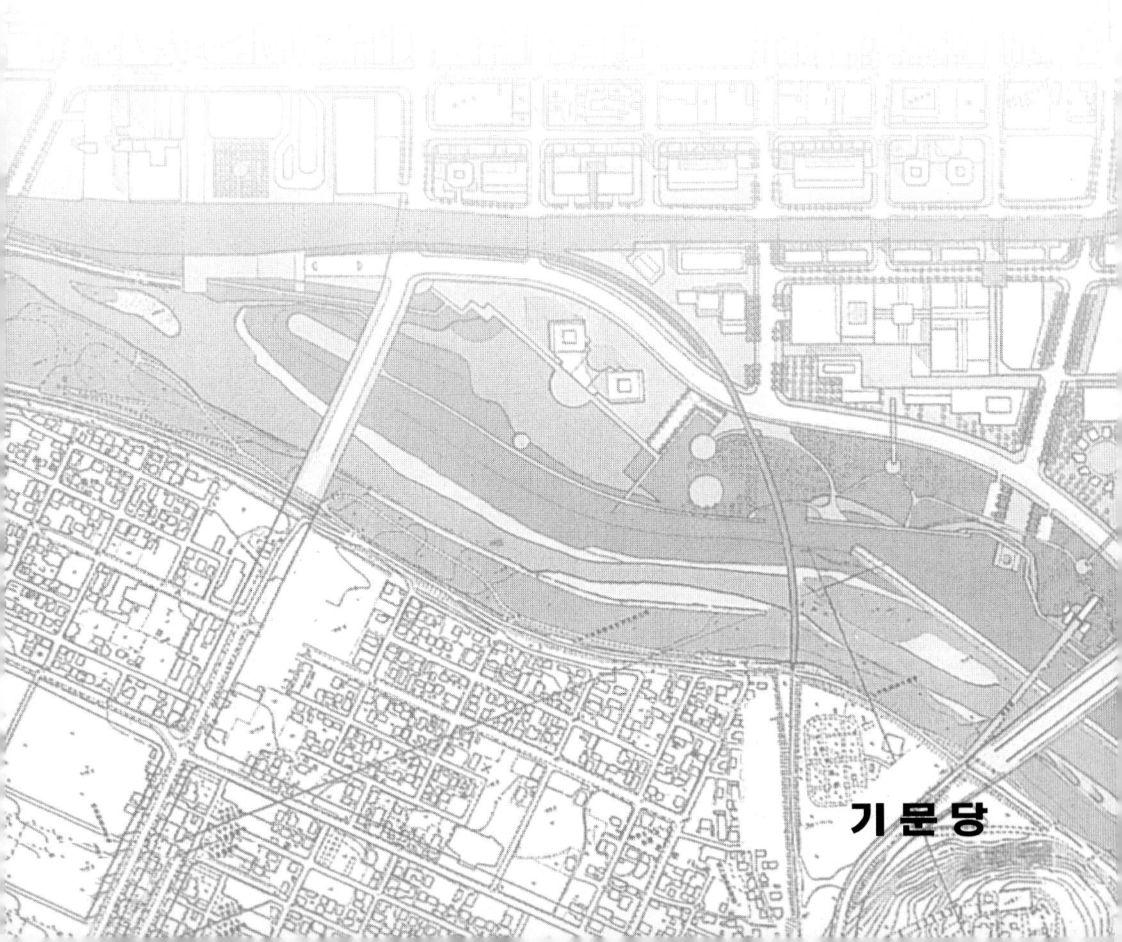

기 문 당

Japanese title : Kenchiku, Machidukuri no Yume wo Katachi nisuru Chikara edited by Architectural Institute of Japan

Original Japanese edition published by SHOKOKUSHA Publishing Co., Ltd., Tokyo, Japan

머리말을 대신하여

건축주의 역할과 기획제안자의 역할

사회동향과 건축의 사명

미래라는 희망에 넘친 이미지로 기대에 찼던 21세기는 결코 빛나는 시대가 아닌 당초부터 험난한 과제가 연이어지는 시대인 것 같다. '환경'에 관한 과제부터 '저탄소사회'나 '자연공생사회' '순환형 사회'의 구축 등을 외치며, '경제'에 관한 과제와 함께 저출산 고령사회 문제나 노동인구 감소 등 '인구'에 관한 과제가 산적해 있다.

WHO(세계보건기구)의 생활환경 지표인 '안전', '건강', '편의', '쾌적'의 4가지는 기본적인 목표로 건축에서도 이를 추구하고 있다. 그러나 현실적으로 혼돈스러운 사회배경 속에서, 이를 해소하고 이상적이고 구체적인 생활환경 개선을 하기에는 많은 장애물이 존재한다.

건축과 지역사회와의 연관이나 의미는 시대적 배경에 따라 영향을 받으며, 미래사회 본연의 형태도 함께 검토가 필요할 것이다. 많은 과제에 대해서 전부를 한꺼번에 해결하는 효과적인 수단을 당장은 찾아보기 어렵겠지만 우리들은 새로운 시대의 모델이 될 수 있는 도시나 건축, 지역 환경 디자인의 몰두에 주목하고 싶다.

건축은 생활의 그릇이라고도 한다. 다양한 생활의 장면에서 어떤 건축을 만들지는 생활 자체를 어떻게 파악하느냐와 연결된다. 생활 자체도 시대나 사회변화에 따라 변화하고, 시대・지역별로 특징 있는 스타일을 갖는 것이 많다. 다양한 생활이 전개되는 환경을 생각할 경우, 하나의 건축물에 대해서 논하는 것이 아닌 군(群)으로서, 또는 건축을 둘러싼 주변을 하나로 보고 이해해야 할 표면적인 환경에 대해서 검토할 필요가 있다. 즉, 생활의 그릇은 건축이라는 한정된 공간에 제한하는 것이 아닌 생활환경이라고 하는 도시계획에 관여하는 영역에서 그 본질을 논할 필요가 있다.

건축주의 의도와 계획 · 건설

지금까지 생활의 그릇으로서의 건축에는 지역시설로 다종다양한 것이 지역의 생활환경 형성의 하나로 계획되고 공급되어 왔다. 계획의 기본이 되는 시설의 입지나 환경조건의 정리에서 이용 층의 요구나 시설의 사업주체 측의 의도를 반영한 기능구성이나 규모계획이 검토된다. 그리고 최적치로 판단되는 내용을 구현화하는 일련의 프로세스가 건축계획이나 설계인 것이다.

지역시설에는 상당히 전략적인 전망이나 의도를 갖고 이용자수 등을 추정치보다 높게 설정하여 시설 실현에 따른 각 분야의 파급효과를 기대한 것도 많다. 특히, 거품경제 시기에는 시설을 계획하고 건설하는 것이 허다했고 그 시설의 사용개시 이후의 관리운영 실태나 이용자의 편의성 등의 평가를 즉시 받아들이고, 그 내용을 필요한 곳에 살리는 노력이 적었다고 판단되는 사례를 볼 수 있다.

국가나 자치단체, 그 관계기관의 시설건설에 의해 이른바 하코모노 행정(역자주)에 의한 재정으로의 영향이 적지 않은 것도 많다.

역자주) 하코모노(ハコモノ)란 상자를 뜻하며, 속칭 공공사업으로 건설된 청사 · 학교 · 시민회관 등을 가리키며, 하코모노 행정이란 공용목적으로 시설이나 설비를 설치하면서도, 부적당한 운용으로 투입한 공금만큼의 편의성이 발휘되지 않은 상태에 있는 행정상황을 비판한 말.

기획제안자의 역할

건축관계자는 어디에 어떠한 건축물을 세울지는 건축주의 의뢰를 충실하게 이행하는 것이 직능상의 사명인 것처럼 관계법규나 예산범위 내에서 최대한의 노력과 검토를 한다. 그럼에도 불구하고 본래는 작업 이전에 어디에 어떠한 것을 세울지는 기획단계의 작업이 중요하다고 생각한다. 이 작업을 단순한 채산성 등의 경제적인 요소나 지금까지의 기준이나 선례대로의 내용만으로 검토하고 진행하는 것은 그 시점에서는 합격이었을지 몰라도 나중에 대응할 수 없는 것도 있다. 이러한 사태를 대비하기 위해 융통성 있는 계획을 생각할 수 있으나, 조준을 정하기 힘든 상황에서 오히려 어중간한 내용이 될 경우도 있다.

건축 등의 직능으로서 기획과의 연관성이 중요한 것은 명확하나 그 생각이나 구체적인 방법이 명확하지 않은 경우가 많다. 이와 같은 기획을 잘 실행하여 다른 것에 비해 뛰어난 건축을 만든다는 것은 관계자에게는 밝히기 싫은 자기만의 노하우일지도 모른다. 또 이와 같은 기획은 프로젝트마다 조건이 다르기 때문에 일반론으로 규정하기가 곤란한 경우도 될 수 있다. 게다가 같은 기획이라도 실행에 옮기는 과정에서 관여하는 멤버의 자질에 의해서도 차이가 생기며 사회나 이용자 등의 상황변화로 달라지는 경우도 생각할 수 있다. 이 같은 의미에서 기획은 일반론으로서의 중요성은 인식되면서도 구체화하는 데 있어서 많은 과제가 남아있는 영역이라고 말할 수 있다.

건축주가 생각하는 건축의 기능이나 형태를 넘어 보다 질 높은, 그리고 사회가 추구하는 환경정비의 기반을 갖춘 건축의 실현을 이루기 위해 기획제안자가 직면한 역할과 책임은 크다.

기획발전 이미지와 사회시스템

그러면 어떤 것에 유의하고 무엇을 하는 것이 보다 좋은 기획을 실현할 수 있을까? 안타깝게도 이렇다 할 명확한 답은 없다. 오히려, 기획에는 정답이 없고 끊임없이 사회환경의 변화나 해당 건축프로젝트가 놓인 환경조건의 특성에 대응하여 유연하게 검토하지 않으면 안 된다. 그 시점에서 최대의 노력을 들여서 만들어낸 기획이라도 검토 및 궤도수정이 필요하다. 즉, 앞을 내다보는 선견지명이 필요하며 계획의 요점을 짚는 감이 요구된다. 개인의 뛰어난 아이디어가 계획의 질이나 방향성을 크게 결정하는 경우도 많지만 대규모화 · 복잡화하는 프로젝트의 경우는 많은 전문가나 관계자와의 협동작업이 될 경우도 많다. 프로젝트팀의 기획안이나 검토, 결정 등의 각 과정에서 상호간의 커뮤니케이션에 필요한 프레젠테이션, 합의형성을 위한 평가기준이나 실시를 향한 구체적인 방법이 중요해진다. 기획은 많은 선례 등의 검토를 거칠 필요가 있으나 그 선례들의 일장일단의 특성을 넘어선 높은 수준이 요구된다. 따라서 매뉴얼대로의 몰입으로는 한계가 있으며, 기획은 끊임없이 발전 진화해 나가지 않으면 안된다. 그것은 아마도 건축이 사회 속에서 얼마나 많은 사람들의 요구를 충족시키고 안전・안심, 건강, 편의, 쾌적 등의 생활과의 연관으로 사회시스템으로서 기능화를 추구하는 것일지도 모른다.

그러나 사회시스템은 반드시 건축만으로 구성되는 것은 아니다. 그럼에도 불구하고 새삼스럽게 건축이란 무엇인가, 건축으로 무엇을 할 수 있는가, 지금까지의 건축이 이룬 문화와 사회에 미친 영향은 무엇인가, 그리고 앞으로의 사회동향을 고려한 인간과 환경 본연의 형태의 제안 등을 살펴봄으로써 건축과 사회와의 관계를 연계하여 전개하는 테마는 아직도 발전 가능성이 크다고 할 수 있다. 건축이 기대되는 사회와의 관계라고 하는 테마를 전개하는 여지는 아직도 크다고 할 수 있다.

일본건축학회 경제위원회 건축기획소위원회 조사주임
다나카 나오토(田中直人)

역자서문

우리는 흔히 '시간은 돈이다'라고 하지만, 나는 '시간은 정신이다'라는 확신을 갖는다. 1945년 해방 다음날에 태어나 자라면서 '시간'의 흐름 속에서 자신의 성장만이 아니라 우리 사회의 상황변화를 따로 떼놓지 않고 동시에 체감하고 인식해오는 습관이 있다. 말하자면 '시간'은 단순히 과거와 현재를 구분하는 물리학적 측정 단위가 아니라 그 속에 우리 인간의 삶과 그 삶들이 총체적으로 결합되어 있고, 그 바탕에 이를 관통하는 '정신'이 함께 흐르고 있다는 생각이다.

건축이나 도시 디자인, 혹은 도시재생 역시 이 같은 시간의 흐름 속에 부단히 변천해왔다. 그러나 그 변모 속에는 단순한 시간의 반영 이전에 '시대정신'이 저류로 작용하고 있음은 주지의 사실이다. 도시건축학자로서 나는 일본에 유학을 하였기에 우리나라의 건축과 동시에 일본의 동시대적 상황을 항상 함께 주시하고 연구해왔다. '건축·도시재생의 실현과 환경디자인'의 차원에서 보더라도 일본은 우리와 여건이 비슷하면서도 라이벌인 동시에 파트너이다.

이런 맥락에서 나는 이웃 일본의 건축학회가 편저한 『건축·도시재생』에 관심을 갖고 번역작업을 하게 되었다. 오늘날 우리의 현실을 볼 때 건축·도시재생은 새로운 패러다임 차원에서도 일본의 사례가 우리의 교본이 될 수 있다는 성찰에서이다.

'건축·도시재생의 실현과 환경디자인'에 있어서 도시재생이란 시간적인 면만을 생각할 것이 아니라 기능적이면서도 역사와 지역사회의 토양과 문화를 반영하며 정체성을 구현할 수 있는 문화적 소양이 우선되어야 한다.

해당 지역의 장소성과 풍토와 문화여건에 걸맞는 도시재생계획이 전략적으로 시도될 수 있는 계기와 명분이 일치해야만 할 것이다. 물론 현실은 변화의 속도가 갈수록 빨라지고 있고, 가치관의 패러다임 또한 21세기 비전에 걸맞는 변화가 이뤄져야 할 것이다. 그러나 새로운 것이 항상 최선일 수는 없으며 과거에 대한 가치관을 재인식하면서 현실에 대한 문화적인 독창성을 환경디자인 개념에서 시도해야 할 것이다.

예컨대, 서울의 현대화 속에서 복개되어 사장된 청계천을 현대적 건축, 환경디자인과 접목시켜 복원을 한 것은 '기능성'과 더불어 '역사성과 문화적 토양'을 되살린 좋은 예가 될 것이다. 앞으로도 이러한 전례를 연구하여 지역주민들이 보람 있고 즐길 수 있으며 기쁨을 얻을 수 있는 아름다운 공간창조에 주력해야 한다고 믿는다. 우리나라는 깊은 역사성과 문화적인 토양 위에 21세기 글로벌 사회를 향한 예술성을 살릴 수 있는 뛰어난 디자인 감각과 잠재력을 갖고 있다. 이 같은 우수성을 공동체적 관점에서의 건축디자인과 도시 환경디자인에 접목할 풍부한 지적 자산을 축적해야 한다.

대한민국이 중심이 되어 추진하고 있는 친환경 녹색성장의 일환에서도 건축도시재생은 귀감이 되어야 할 것이다. 이 책은 건축과 도시재생의 꿈을 실현함과 동시에 환경공생과 지속가능한 디자인으로서의 건축기획과 도시재생에 대하여 폭넓게 다루고 있다. 부디 이 책이 시대적 요구에 부응할 가이드라인을 설정하는 데 작지만 일조가 되어 '건축·도시재생'의 소통과 꿈을 실현하는 데 일익을 담당하길 기대한다.

끝으로 번역에 협조해준 김홍조 선생과 출간하도록 도움을 주신 기문당 강해작 사장님과 편집팀에도 감사한다.

"사람은 그 입의 대답으로 말미암아 기쁨을 얻나니 때에 맞은 말이 얼마나 아름다운고"(잠 15 : 23)

2010년 8월 죽전캠퍼스에서

김영하

이 책의 요점과 구성

건축이나 도시 등 생활환경을 둘러싼 다양한 프로젝트에 있어서 건축기획의 구체적인 검토가 요구된다. 그러나 앞으로 있어야 할 발전을 목표로 하는 사회적으로 관계된 관계자의 공통인식 및 방법론은 필요이상으로 다양하고 복잡하다.

이 책은 지금까지의 건축기획소위원회에서의 조사연구 활동의 성과를 기반으로 건축기획을 배우는 학생이나 연구자는 물론, 제일선에서 일하는 실무자에게도 요구되는 기초적인 포인트를 안내하는 것이다.

구체적인 내용은 가능한 한 '건축기획'을 친근감 있게, 알기 쉽게, 사례 등을 짚어서 포인트를 제시하도록 고려했다. 따라서 사례에 대해서는 건축기획소위원회의 연구회 등에서의 사례 조사결과를 기본으로, 넓게 전국적인 것에 초점을 맞추는 것을 원칙으로 프로젝트의 건축기획으로서의 테마, 콘셉트, 경위, 자금수지계획, 법 제도와의 적응, 계획단계의 특징, 실시단계의 특징, 기획으로써의 평가·전망이라는 시점을 설정하였다. 그러나 거기에 한정하는 것이 아니고 사례가 갖는 특징이나 기획에 관여한 담당자의 성격을 반영하여 자유롭게 소개하고 독자에게 전해야 할 메시지를 담았다. 건축기획에 관한 많은 사회적 배경이나 주목해야 할 기획 중 몇 가지 포인트에서 각 사례의 특색에 주목하면서 그 사고 및 착안상황, 유의해야 할 기획상의 포인트에 대해서 소개하고 있다. 또 사례에서 추출할 수 있는 건축기획으로서의 특징 등의 해설에 덧붙여서 칼럼형식으로 관련 사례의 소개도 하고 있다.

현대사회의 변화에 대응해서 건축이나 도시계획에 관한 기획의 중요성을 고려한다면, 여기에 수록된 사례를 이해함으로써 기본적으로 알아야 할 기획에 관한 포인트는 습득이 되리라 생각된다.

이 포인트에 관해서 건축기획을 진행하는 자치단체나 건축학회 관계자에게 설문조사를 실시한 결과에서 얻은 상황이나 과제 등의 대략에 대해서도 말미에 소개하고 있다.

게다가 건축기획에 관한 지금까지의 연구경위 및 성과, 현황의 문제점 및 과제 등을 짚어서 나아가야 할 건축기획의 미래를 전망하기 위해 역대 건축기획소위원회 조사주임 4명에 의한 좌담회를 기획하고 그 내용을 게재했다.

차례

CHAPTER 2 좌담회

꿈을 실현하는 힘이란 무엇인가

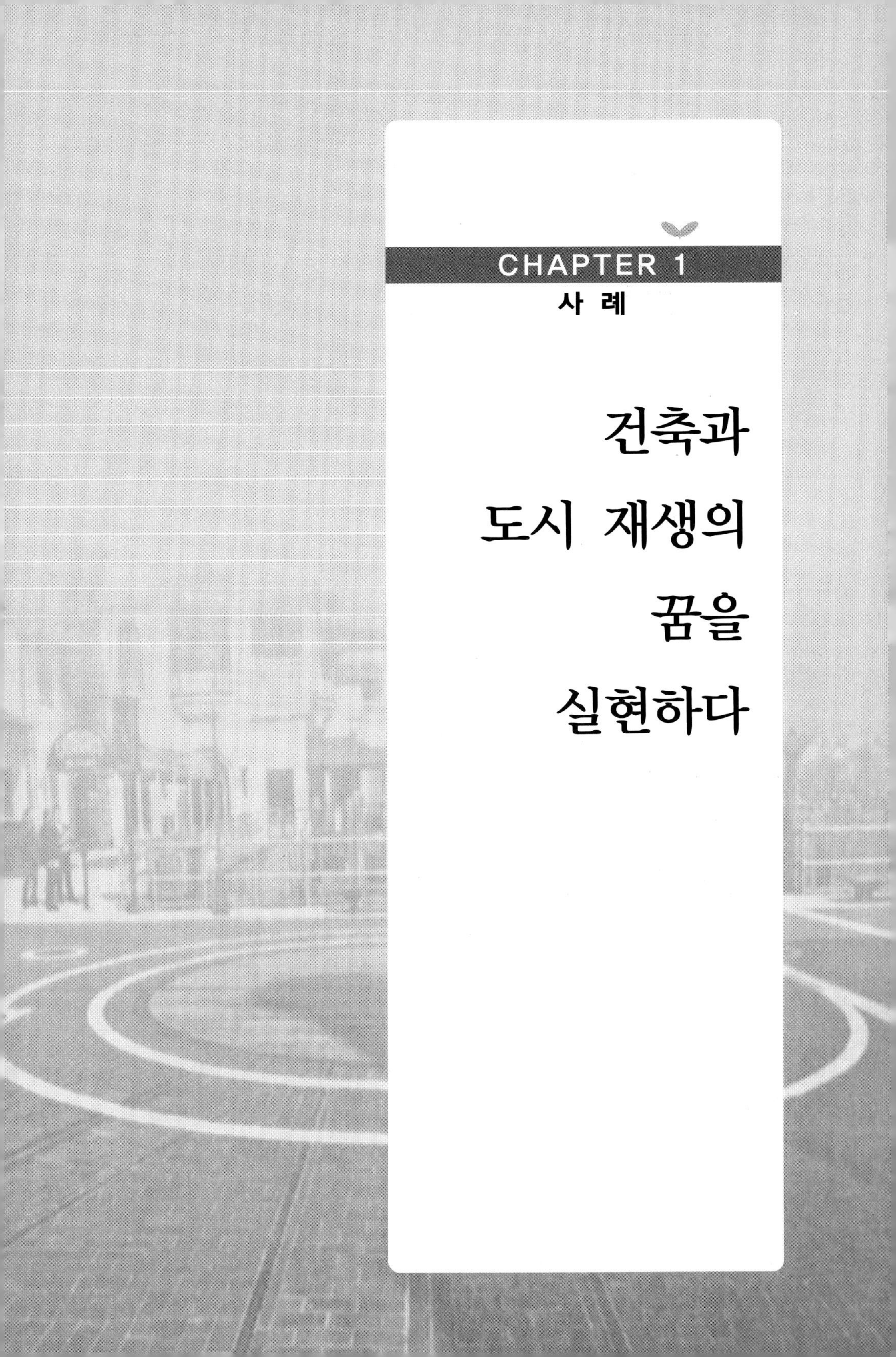

CHAPTER 1

사 례

건축과 도시 재생의 꿈을 실현하다

1 이미지와 테마의 디자인

다나카 나오토(田中直人)

건축기획에 필요한 검토사항

건축기획에는 고려해야 할 조건이 많다. 그것들을 극복해야 보다 이상적인 기획 실현으로 이어질 가능성이 높아진다. 그러나 조건을 퍼즐을 푸는 식으로 해결하는 것만으로는 꿈이 있는 형태로의 실현은 어렵다. 즉, 용(用)・강(強)・미(美) 등의 조건을 충족시키고 프로젝트의 방향성을 정하고 관계자의 공통목표가 되는 강하고 매력적인 이미지가 중요하다. 지속적으로 많은 사람에게 꿈을 안겨주고 여러 시점에서도 뛰어난 기획은 어떻게 해서 탄생하는 것일까? 우연으로가 아닌 계획적으로 앞날을 내다본 것 같은, 또는 예기치 않는 사태가 발생하더라도 대응할 수 있는 건축은 어떻게 해야 실현할 수 있을까?

이미지란, 본래 존재하지 않는 것을 창출하는 것 같지만 반드시 그렇지는 않고, 많은 경우 해당 장소에서의 조건이나 관련된 환경, 사회조건 등을 잘 이해하고 고려함으로써 만들어지는 경우도 많다. '어떠한 이미지를 그릴까'라는 말 이전에 지역주민이나 이용자 등 관계하는 사람들이 '어떠한 이미지를 갖고 있는가'라는 것도 중요하다. 경우에 따라서는 과거부터의 경위를 짚고 검토하는 것도 필요하다.

디자인이란 원래 데생(Dessin)과 같아서, '계획을 기호로 표현하다'라는 의미의 라틴어 Designare이다. 즉, 어떤 문제를 해결하기 위해 사고・개념을 조립하고 그것을 여러 매체로 표현하는 것이다. 일본어에서는 '설계'에 해당하고 '형태'나 '의장(意匠)'으로 번역되었다. 이에 한정하지 않고 넓게 인간의 행위를 보다 좋은 형태로 실현하기 위한 '계획'이기도 하다. 인간이 만들어내는 것은 특정 목적을 갖고 그 실현을 목표로 하는 디자이너(설계자)의 손에 의해서 계획된다. 디자인의 대상은 건축에 한하지 않고 생활의 모든 영역에 이른다. 그리고 여기에서 기능성, 실현성, 경제성, 사회정보 등 목표를 실현하는 것에 관계된 모든 요소를 고려해야 한다. 대규모로 복잡한 프로젝트 등 복수의 디자이너가 관여할 때가 있다. 이런 경우 디자인의 책임 소재를 알기 어렵다. 또한 하나의 디자인으로 완성시키기 위해 총괄적인 입장에서 조정기능이나 지도력을 발휘할 역할이 필요하게 된다. 이런 경우에도 지향하는 프로젝트의 이미지가 중요하다. 뛰어난 건축은 단순하게 의장이 좋다는 것만이 아닌 구조면이나 기능면을 시작으로 관리운영면의 배려 등 경제나 사회・문화에까지 영향을 끼치는 것이다.

좋은 이미지－나쁜 이미지의 영향력

이미지에는 좋은 이미지와 나쁜 이미지가 있다. 또는 이미지가 강한 것과 그렇지 않은 것이 있다. 소비자나 주민의 이미지는 어떤 것이 있을까? 의외로 현황은 파악되어 있지 않다. 관계자가 갖는 이미지와 이용자가 그리는 이미지는 다를 수도 있다. 그리고 이미지는 변화하는 것이다. 또 사람이 전달하는 방식이나 설명하는 방법으로도 차이가 있다. 끊임없이 좋은 이미지로 많은 사람에게 이해 받고 사랑 받기 위해서는 그만큼의 노력이 필요하다. 오랜 세월에 걸친 전통이나 노포(老舗)로서 지켜져 온 이미지가 망가지는 일도 많다.

특정 고을에는 특정 이미지가 따라붙는 경우가 많다. 예를 들면, 관서지방에는 미토(三都)이야기라는 말이 있다. 관서지방 사람들의 이상은 '교토(京都)에서 배우고, 오사카(大阪)에서 일하고, 고베(神戶)에 산다'는 것이란다. 이것은 각 도시의 특징이나 이미지를 잘 표현하고 있다. 지금은 어떤지 모르지만 이처럼 일컬어진 시대에는 그러한 도시 이미지가 존재했을 것이다.

지역에는 '지역브랜드'나 '고장의 풍습'이 있고, 이들이 부동산 가치를 좌우하는 경우도 많다. 하루아침에 이들 브랜드가 만들어지는 것은 아니다. 오랜 시간을 거쳐 만들어진 풍토의 본질에서 결정화된 것도 있고 굉장히 충격적인 사건이나 프로젝트에 의해서 만들어진 것도 있다.

기업은 기업이미지를 중요시 한다. 많은 CF에 막대한 자금을 투입하는 것도 이미지를 중시하고 지역이나 소비자의 신뢰나 이미지를 중요시 여기고 싶다는 자세에서이다.

브랜드를 가치 있는 브랜드로 만들기 위해서는 브랜드 인지와 함께 소비자의 기억에 가치 있는 것으로 남을 만한 브랜드 이미지가 필요하다. 브랜드 이미지란 소비자의 기억 속에 있는 여러 타입의 브랜드를 연상한 결과를 반영한 것이라 할 수 있다. 브랜드 연상에는 여러 타입이 있고, 소비자 머릿속에서 브랜드 연상이 가치 있는 것으로서 인식됐을 때, 브랜드를 실로 강한 브랜드력이 있는 것으로 바꾼다.

넓은 시야로 이미지 전략을

마을에 한정하지 않고 건축을 포함하여 그 사물이나 조직 또는 인물 등에 대해서도 이미지가 중요하다. 일단, 정착한 이미지는 떨쳐내기가 매우 어렵다.

기획에서는 먼저 '이미지를 만든다', '이미지를 지킨다', '이미지를 키운다' 등의 이미지 전략이 추구된다. 경우에 따라서는 '이미지를 부수는 것'

도 새로운 '이미지를 만드는 것'과 연결된다. 현재 이미지에는 마이너스 이미지와 플러스 이미지가 있으나 이에 대해서 디자인으로서 어떻게 관여할지라는 시점에서 다음 7가지 대응을 생각할 수 있다.

7개의 이미지 전략

1 **도입**…… 현재 없는 것을 받아들여서 이미지를 만든다.
2 **배제**…… 현재 있는 나쁜 이미지를 없앤다.
3 **보전**…… 현재의 좋은 이미지를 보존하고 지속한다. 지킨다.
4 **저지**…… 나쁜 이미지가 들어오는 것을 막는다.
5 **증대**…… 좋은 이미지를 더욱 늘려서 성장시킨다. 키운다.
6 **경감**…… 나쁜 이미지를 조금이라도 줄이고 이미지를 바꾼다.
7 **전환**…… 나쁜 이미지를 역수로 두어 좋은 이미지에 활용한다.

이미지의 표현으로 많은 것을 생각할 수 있다. 먼저 가장 보급화된 것이 캐치프레이즈, 캐치카피 등의 문구다. 문구도 그 서체나 색 배합 등 시각적인 표현에 따라 이미지는 크게 바뀌고, 문구만이 아닌 이미지의 표현세계가 있다. 또 그림, 음악(이미지 송), 색(이미지 컬러), 인물・애니메이션・동물(이미지 캐릭터) 등도 이미지 표현에 큰 위력을 발휘한다.

필자는 예전에 고베나 교토 등의 시민으로 구성된 "도시의 색 연구회"에서 도시 이미지를 색으로 표현하는 조사를 실시했다(그림 1). 이미지는 추상적인 것만이 아닌 구체적인 거리풍토의 요소가 반영되어 있음을 알았다. 많은 시민들과 이미지를 찾고, 확인하는 작업(워크숍)을 통하여 그 도시의 좋은 점이나 문제점 등을 재발견하는 기회이기도 했다. 도시계획이나 건축의 디자인에 있어서도 관계자의 이미지를 공유하고 본연의 이미지 정리나 구축을 목표로 하는 것은 참가・협동의 디자인 프로세스로서도 중요하다. 좋지 못한 이미지에 대해서는 이미지 변경에 이어지는 구체적인 대응책을 내놓음과 동시에 목표로 해야 하는 이미지에 대해서는 구체적으로 착수하지 않으면 안 된다.

사랑 받는 고베의 건조물

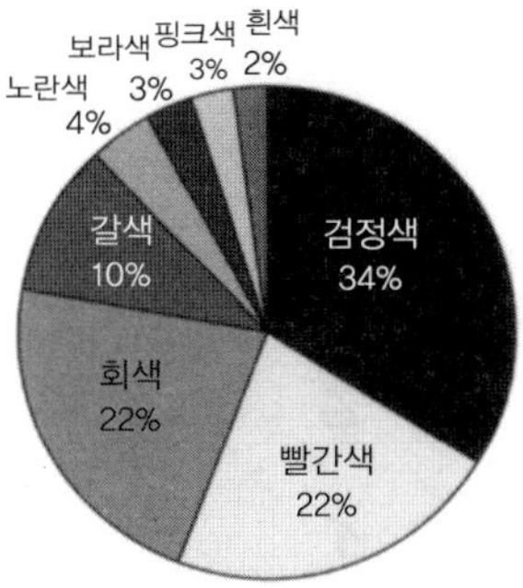

고베의 도시 경관에 어울리지 않는 색

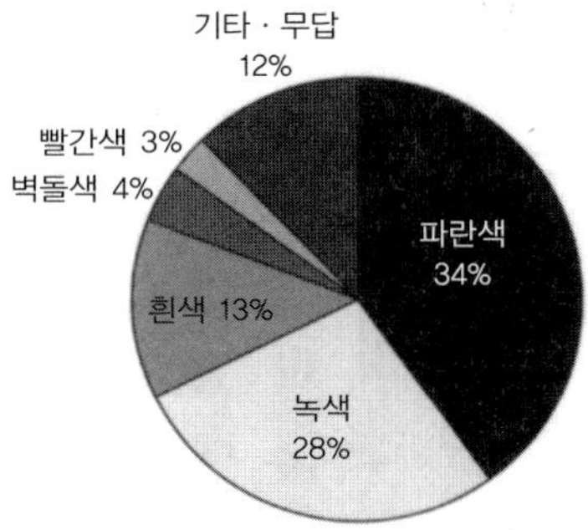

고베의 도시 경관에 어울리는 색

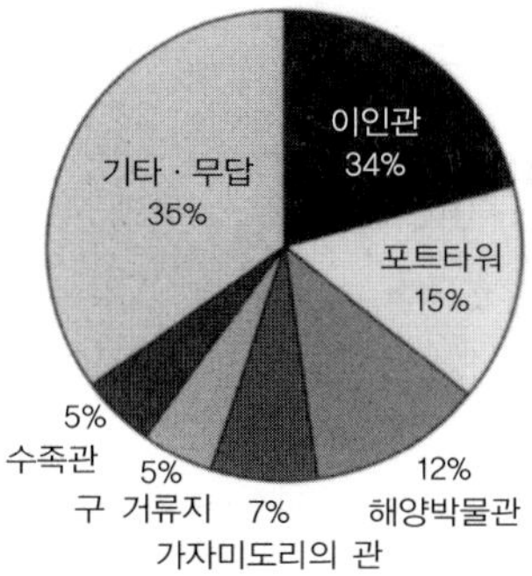

고베의 도시 이미지

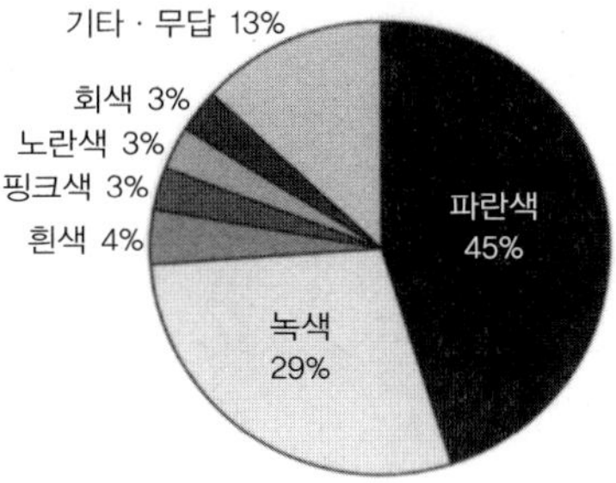

고베의 도시 이미지 색

그림 1 고베도시의 이미지 색

구체적으로는 이미지를 실현하기 위한 테마가 필요하다. 테마로 구체적인 해결목표(행동의 대상)를 정한다. 테마는 과제를 달성함에 있어서 무엇을 해야 하는지, 또는 아무것도 하지 않는 것이 가장 효과적인지, 무엇이 있으면, 또는 무엇이 없으면 좋을지를 다각적으로 밝혀내는 것부터 시작한다.

테마는 구체적인 행동목표이기 때문에 현실적인 관점부터 구체적인 행동레벨까지 검토할 필요가 있다. 거기서 동종·동류의 테마의 과거 경위(성공사례·실패사례)나 현재 상황의 검토, 앞으로의 트랜드 예측 등이 필요하다. 추가로 업계나 시장구조 등도 알아둘 필요가 있다. 넓은 시야에서 전체를 체크하고 테마를 성립시키기 위해서 필요한 요건과 조건을 파헤치게 된다. 테마는 목표설정형과 문제대책형으로 나누어 생각할 수 있다.

기획을 구체화하고 실현하기 위한 디자인

기획이란, '현재보다 조금 앞의 일'을 실현하는 계획을 세우는 것이지만, 기획한 것을 실현하지 않으면 의미가 없다. 이미지만으로는 기획이 될 수 없다. 그것을 어떻게 하면 실현할 수 있을지 구체적인 책략을 내고서야 비로소 기획이 된다. 기획의 출발점은 현재 상황에 대한 자신의 생각이나 문제의식이다. 현황의 의문이나 불안, 부족, 불편 등의 불평불만이나 불쾌함만이 아닌 현황의 원망, 이상, 꿈, 공상이 있다. 그것을 '어떻게든 하고 싶다'라는 생각에서 기획은 시작된다. 기획은 현황에 대한 재조명인 문제를 어떻게든 해결하고 싶다고 하는 생각, 그 해결책을 실현하고, 그 실현수단(실시 플랜)을 구체화하는 것이다.

기획에는 ① 아는 것을 그대로 적용하지 않는다. 이것은 상식이라는 지식에 얽매이지 않고, 다른 의미나 숨은 의미, 반대의 가치를 투영하고 다양한 각도에서 의미를 다시 짚고 넘어가는 것이다. ② 정답은 하나가 아니고 다른 점을 발상의 다양성으로 살린다. 이것은 지금의 위치・입장 그대로가 아닌 다각적인 시각에서 바라보는 것을 말한다. ③ 항상 질문하고 문제의식을 갖는 것이 중요하다. 이것은 현 시점만이 아닌 과거에 관점을 맞추고 미래로의 관점을 묻는 것을 말한다.

누구나 이 방법대로 전개하고 있으면 그런대로 기획의 이상적인 형태를 갖추게 된다. 그러나 다양한 요구나 아이디어를 하나의 형태로 만들기는 어렵다. 브레인스토밍(Brainstorming)은 바로 캐치볼을 기능시키기 위한 구체적인 방법 중 하나이다. 즉, 다른 의견을 얼마나 살려나가는지 하는 수단이라고 판단된다.

하나의 형태를 만들기 위해서는 콘셉트워크가 중요하다. 콘셉트화 하는 것으로 그 테마의 실현 방향성이 명확해진다. 콘셉트는 캐치프레이즈나 캐치카피와는 다르다. 테마의 방향성이나 범위를 확정시키면서 테마의 가치나 의미를 명확하게 한다. 나아가서는 테마가 갖는 재미나 즐거움 등의 감성을 '이미지'로의 표현으로 연결하는 것이다.

형태로의 실현에는 참가의 디자인이 효과적이다. 많은 사람이 꿈을 이야기하고 많은 사람으로부터 꿈을 모으는 것은 프로가 만들어내는 발상으로는 얻을 수 없는 아이디어가 나올 수 있기 때문이다. 아이디어 공모전이나 경연대회가 많이 개최되고 있는 것도 바로 남녀노소 할 것 없이 많은 사람의 꿈의 형태를 조금이라도 실현하려는 생각에서일 것이다.

참/고/문/헌

- 都市計画教育委員会編『都市計画教科書 第3版』彰国社, 2001年
- 田中直人「神戸の街イメージカラーと景観の色彩調査について」日本建築学会大会学術講演梗概集, 1994年 9月

주도면밀한 계획으로 꿈의 실현을 이룬 테마파크

몬마 야스지(門馬泰司)

◆건축기획으로서의 테마

유니버설 스튜디오 재팬은 굉장히 흥미진진한 '영화의 세계'를 소재로 한 체험을 제공하는 테마파크이다. 리얼하게 재현된 거리와 가공의 것이 섞여 있는 실재성이 없는 가상의 공간을 영화스튜디오로 지정하고 영화 제작 시의 다양한 트릭, 배우(Performer)나 크루(Crew-종업원)의 행동 등 파크 내의 모든 장면에서 전개되는 전부를 모티브로 '영화의 세계'를 구성하고 있다.

최근의 특징으로는 개업 당초보다 대상 연령층의 폭을 넓혀 각 연령층에 맞는 테마를 설정하고 있다는 것이다. '랜드 오브 오즈(Land of OZ)'가 좋은 예 중 하나다.

파크의 면적은 39ha. 거기에 실존하는 거리를 리얼하게 재현한 '할리우드 지역', '뉴욕 지역', '샌프란시스코 지역', 영화 무대를 모티브로 한 '쥬라기공원', '워터월드', '애머티 빌리지(Amity Village-'죠스'의 무대)'의 6개 지역은 본 프로젝트의 양식이 된 플로리다의 유니버설 스튜디오를 뛰어넘는 규모와 치밀함으로 전개된다. 게다가 일본 오리지널인 '스누피 스튜디오'와 건설 당시는 '웨스턴 지역'으로 지금은 '랜드 오브 오즈'인 오리지널 2개 지역을 합쳐 총 8지역으로 구성되어 있다(그림 1).

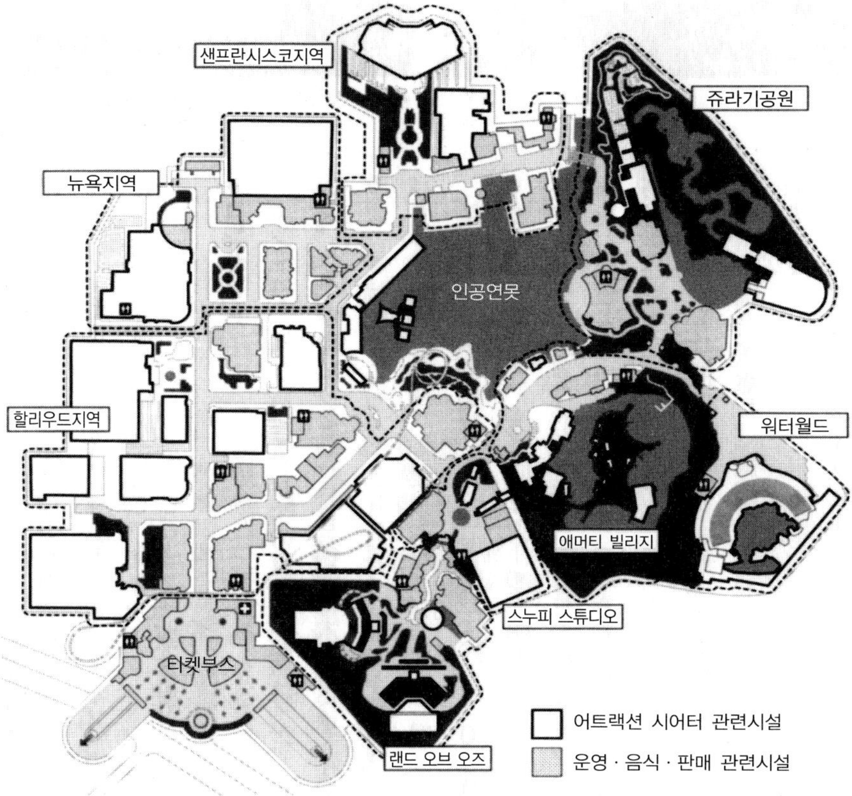

그림 1 유니버설 스튜디오 재팬 배치도

사진 1 할리우드의 큰길

사진 2 날씨에 신경 쓰지 않고 쇼핑을 즐길 수 있다.

◆ **콘셉트**

입구부터 300m의 직선도로가 이어지고 우측에 파크가 펼쳐져 있다. 그 중앙에 28,000m²의 거대한 인공연못(Lagoon)이 있다. 이 인공연못을 둘러싼 라인과 앞의 메인 입구부터의 직선 동선이 파크의 동맥이며, 주요 어트랙션(Attraction)도 이 두 곳을 따라 흩어져 있다.

입구 주변은 1930년대~1950년대의 도시를 재현한 '할리우드 지역'(사진 1). 입구부터 늘어선 로데오 드라이브에는 실존하는(했던) 유명 점포가 이어지고, 거기에 입구의 캐노피(Canopy-덮개) 속을 우회하면 할리우드 스타의 이름이 보도에 깔려있는 할리우드 블루버드로 이어진다. 이 지역을 덮는 캐노피는 너비가 약 40m, 긴 길이가 100m, 짧은 길이가 80m인 L자형으로 비나 햇볕으로부터 고객을 지킨다. 특히 귀가 시 고객의 체류시간을 생각하여 쾌적하게 쇼핑 등을 즐길 수 있도록 고안되었다(사진 2).

입구에서 캐노피를 벗어난 직선의 제일 처음부분 주변이 1890~1930년대를 이미지 한 '뉴욕 지역'. 현대에는 땅속에 묻혀있는 전주를 거리 곳곳에 부활시켜 전선을 쳐서 시대를 연출하고, '티파니(Tiffany)', 백화점 '메이시즈(Macy's)'나 '펜실베이니아 스테이션' 등 저명한 건물이 상정하는 시대설정에 맞추어 만들어졌다. 벽돌구조의 건물은 일본, 미국, 벨기에, 네덜란

사진 3 뉴욕 공립도서관

사진 4 다운타운

드 등 각국에서 운반된 벽돌을 골라서 사용했음은 물론이고 각각의 종류에 맞는 벽돌을 선별하고, 서로 다른 모양의 줄눈을 만들어 각각의 시대감을 표현한다고 하는 철저함을 구사했다.

메인 입구에서 보이는 '뉴욕 공립도서관'은 언뜻 보기에 조형물이나 건물의 일부분으로 보이지만 가까이에서 보면 전부 평면으로 된, 원근법을 구사한 '눈속임 그림'이다(사진 3).

뒷골목을 만들어서 다운타운을 연출한 일각에는 쓸쓸한 분위기가 재현되어 있지만, 거기에서 생활하는 사람들의 숨결이 느껴질 정도의 리얼함이 있다(사진 4). 낡은 건물이나 쇠퇴한 건물 등 테마에 맞춘 연대감을 표현하기 위한 기법이 '캐릭터 피니시 페인트(Character Finish Paint)'라고 불리는 것으로, 뉴욕 지역에 한정하지 않고 도처에 사용되고 있다. 일본에서만 '에이징(Aging)'이라 불리는 도장의 얼룩만이 강조되는 것이 많지만, 실제로는 얼룩만이 아닌 예를 들면 건물의 밑에서 위로 올라가면서 색을 조금씩 변화시켜 높이를 강조하는 등, 그 자체의 개성을 한층 강조하는 특수도장도 포함된다.

오랜 세월을 거쳐 풍화한 것 같은 모양을 만드는 것은 물론이거니와 건물의 개성을 두드러지게 하는 것이 이 수법이다. 건물의 외벽을 잘 보면

사진 5 폐지된 케이블카의 노선 자취

실제로 많은 색이 사용되었다는 것을 볼 수 있다. 모든 테마성이 있는 건물의 벽 전부가 단색이 아닌 복수의 색을 사용하고, 여러 기법으로 완성되고 있다.

다운타운을 지나서 아스팔트가 벗겨져서 정지하기 전의 포석이 드러난 통로에 나오면 눈앞에는 인공연못(Lagoon)이 펼쳐지는 '샌프란시스코 지역'이 있다. 폐지된 케이블카의 노선 흔적이 남아있고(사진 5), 차고로 쓰였던 건물 앞에는 턴테이블의 흔적도 남겨져 있다.

할리우드 지역에서 샌프란시스코 지역에 이르는 실재하는(했던) 거리풍경을 재현한 지역은 경계선이 애매해서 고객은 모르는 사이에 다른 거리로 이동해 있다.

지역별로 변하는 BGM(지역의 테마에 맞는 곡. 계절, 이벤트 등에 의해서 곡은 변경된다)에 의해서 알아채는 경우도 있다. 그러나 그것을 자연스럽게 만드는 것은 할리우드의 환경연출력의 기교에 의해서 장면의 연속성이 유지되어 있기 때문이다. 장면의 연속성에 의한 지역의 교착・뒤틀림이 시공감각을 마비시켜 실제 이상으로 공간을 넓게 느끼게 한다.

'쥬라기공원'은 샌프란시스코 지역과 도개교(跳開橋)로 연결되어 있다. 이에 의해 장면의 연속성이 차단되지만 중남미의 섬이라는 무대설정이나

사진 6 애머티 빌리지(Amity Village)

지금까지와는 다른 공간연출을 전개하기 위한 경계이다. 이 도개교가 실재하지 않는 창조된 세계로 고객을 인도한다. 어트랙션(Attraction) '쥬라기공원 더 라이드(Jurassic Park the Ride)'의 정글존은 일본 각지에서 종류, 높이, 잎의 색, 크기 등을 조사하고 선택한 110종류의 수목이나 잡초를 인공나무와 함께 심고, 모르타르를 진짜 바위처럼 만든 특수기술 '락워크(Rock Work)'로 만든 인조바위, 높이 17m의 암산에서 흘러내리는 폭포 등을 만들어서 연출했다. 유니버설 스튜디오 재팬에는 7,000개 이상의 수목이 재배되고 있으나, 그 중 3,500~3,600개는 쥬라기공원 지역 내에 있다.

쥬라기공원의 관문을 지나면 미국 북동부의 가공의 마을 '애머티 빌리지(Amity Village)'에 들어선다. 랍스터잡이에 실제로 사용되는 끈이나 통 등의 촬영용 소도구를 자연스럽게 배치한 통조림공장 흔적, 조선소 등 뉴잉글랜드의 어촌 그 자체이다. 어트랙션 승강장 앞에는 길이 8m, 무게 3t의 거대 상어 모형이 큰 입을 벌린 채 매달려 있다(사진 6).

시골냄새가 풍기는 어촌의 풍경이 급변하여 화려한 할리우드 블루버드로 이어지고, 입구로 돌아온다. 그 메인 동선을 벗어난 곳에 일본 오리지널인 '스누피 스튜디오'와 같이 개원 당초에는 서부시대를 재현한 '웨스턴 지역', 나중에 미국 동화의 대표작인 '랜드 오브 오즈'로 수정된 지역이 있다.

스누피 스튜디오는 지금까지의 리얼한 공간과는 전혀 다른 색채와 형태로 구성되어, 밝고 부드러운 색조공간은 모티브가 된 만화 『피너츠(Peanuts)』가 자아내는 훈훈한 일면을 강조한다.

스누피 스튜디오의 안쪽이 '랜드 오브 오즈' 지역이다. USJ가 주체가 되어 디자인과 건설을 진행한 첫 대형 프로젝트이다. 이 지역은 극장, 쇼핑 및 식사시설 모두가 OZ의 테마로 꾸며지고, 52피트의 오리지널 회전목마가 중심 부근에 설치되어 있다.

2차원의 만화와 '이야기' 속 세계를 실제 거리가 이어지는 동선에서 떨어트림으로써 보다 어린이들의 마음에 어필하는 꿈이 있는 공간의 존재감을 주장하고 있다.

유니버설 스튜디오 재팬의 풍경은 박물관의 디오라마처럼 단순하게 복제된 무표정한 공간에 머무르지 않고 거리의 역사나 사람들의 생활 흔적을 세밀하게 연출하고 재현했다. 그것을 가능케 한 것이 할리우드 영화의 세트제작 기술력, 연출력 그리고 무엇보다도 그 힘을 하나의 프로세스로 활용한 관계자의 진품을 향한 '집착'이다.

◆경위

세계유수의 엔터테인먼트기업, 유니버설 스튜디오사. '유니버설 스튜디오 할리우드'(1964년 오픈)와 '유니버설 스튜디오 플로리다'(1990년 오픈)에는 지금까지 수억 명의 고객이 방문했다. '유니버설 스튜디오 재팬'은 선구가 된 '유니버설 스튜디오 할리우드'와 '유니버설 스튜디오 플로리다'에 이어서 그 전통을 이어받은 미국 외 진출 1호를 장식하는 테마파크로 오사카(大阪)에 오픈했다.

'유니버설 스튜디오 재팬'을 오사카에 개업하게 된 프로젝트는 오사카시, 유니버설 스튜디오, 랭크(Rank)그룹, 스미토모(住友)금속공업, 스미토모 상사, 히타치(日立)조선, 그 외 오사카를 지반으로 하는 많은 유명 기업과

건물 데이터
명 칭 : 유니버설 스튜디오 재팬
소재지 : 오사카부 오사카시 고노하나(此花)구 사쿠라지마(桜島) 2-1-33
용 도 : 테마파크
규 모 : 부지면적 54ha (파크면적/39ha)
사업자 : 주식회사 USJ
사용승인 : 2001년

금융기관의 출자로 시작했다.

사업회사인 USJ의 전신, 오사카 유니버설 기획은 유니버설 스튜디오(당시 MCA사)가 일본에 새로운 사업기회를 모색하고, 연락사무소를 개설한 3년 후인 1994년 12월 27일에 설립되었다. 그 후 1996년 2월 6일, 오사카 유니버설 기획과 유니버설 스튜디오에서 해당 프로젝트에 대한 기본합의를 체결하고 1996년 3월 13일, USJ로 이행한 것이다.

2001년의 파크 개업에서 5년째인 2005년 8월에는 증자를 실시하고 세계적 금융기관인 골드만삭스(Goldman Sachs) 그룹과 일본정책투자은행이 주요 주주로 추가되었다. USJ는 2007년 3월에 도쿄증권거래소 마더즈(Market Of The High-growth and EmerRging Stock) 시장에 주식상장하고 있다.

◆계획단계의 특징

미국에서 어느 정도 디자인을 진행하고, 그 후 200명 이상의 미국 디자이너가 수년에 걸쳐 체재하면서 일본 측 건설팀과 파크를 만들어나간다고 하는 프로세스는 유례를 찾아 볼 수 없는 일이다. 엔지니어 관계, 인사관계 등 모두 합치면 300명 이상이 US(Universal Studios)사 전용 현장시설에 상주했다. 이와 같은 상황은 우라야스(浦安)의 모 테마파크[역자주1)] 건설 이래 처음일 것이다.

그리고 그 중 각자가 테마파크 비즈니스에 정통하고 있어서, 자신이 디자인하는 것이 최종적으로 어떻게 고객 만족도에 영향을 끼칠지 숙지하고 있었다. 일본의 건축상황과 가장 다른 점은 미국인 관계자의 세밀한 부분에까지 이른 '집착'이 아닐까? 이러한 '집착'이 앞에서도 말한 개성적인 지역을 만들었다고 할 수 있다.

시설적인 특징으로는 앞에서 다룬 파크의 출입동선상인 '할리우드 지역'에 캐노피(Canopy-덮개)를 설치하고, 고객의 체류시간을 확보하고 구매기회를 만들고 있다. 쇼핑시설은 이 캐노피 안을 중심으로 배치되어 있다. 또한 주요 어트랙션에는 관련 상품을 취급하는 점포를 병설하여 막 어트랙션을 체험한 고객의 구매의욕을 자극한다.

요식시설은 본격적인 테이블 서비스 레스토랑부터 뷔페스타일, 패스트푸드, 스넥스탠드까지 다양한 스타일의 시설이 준비되어 있다. 제공하는 식사는 센트럴키친에서 가공을 마치고, 각 점포에서 고객에게 제공하기 전에 최종조리를 한다. 또 알코올을 전면적으로 판매하고 있는 것도 큰 특징이다.

추가로 2008년 어트랙션 수 25, 쇼핑시설 수 33(가판대 포함), 요식시설 수 52(가판대 포함)로 이루어져 있다.

---

1) 도쿄(東京) 디즈니랜드

◆실시단계의 특징

가장 큰 특징은 필드 아트 디렉터(Field Art Director)의 존재가 아닐까? 파크의 디자인은 지역별로 담당팀으로 나뉘고 담당 디자이너가 맡았다. 그들이 그리는 도면은 건축도면과는 달라서, 도면상에 그려지지만 단순한 그림이다. 그것을 일본의 시공관계자가 시공도로 옮기고, 서로 샘플 등을 확인하면서 작업을 진행해 나간다. 그러나 어쩔 수 없이 현장에서 디자이너가 도면으로 설명할 수 없는 섬세한 아트 디렉션이 발생한다. 예를 들어, 쥬라기공원 내 폭포의 바위 한 개 한 개의 모양, 암면의 표정, 폭포 주변의 이끼 낀 암면의 색 배합 등이다.

여기서 현장에 등장하는 것이 필드 아트 디렉터(이하 FAD)이다. 그들은 각각의 디자이너임과 동시에 취급하는 소재나 기술에 숙달된 전문가적인 존재이다. 이번 유니버설 스튜디오 재팬에는 크게 두 개의 FAD팀이 배치됐다. 하나는 시멘트, 플라스틱 등의 구조물을 감수할 팀이다. 간단하게 말하면 조각가 집단 정도 될 것이다. 두 번째는 '캐릭터 피니시 페인트' 특수장식 도장팀이다. 앞에서도 언급한 모든 도장기술을 사용해서 조형물에 보다 뛰어난 연출을 가한다. 브러시만이 아닌 분무기로 칠하거나 해면과 같은 스펀지를 이용하거나 나뭇결을 그리는 특수한 도구를 사용하거나 가지각색의 물건을 사용해서 표정을 만들어간다. 이와 같은 무대미술에서 파생한 기술이 가짜를 진짜 이상으로 완성시키고 고객에게 감동을 준다.

FAD팀은 일본 시공업자를 사전에 감사(監査)한다. 감사라고 해도 경영 상황의 감사가 아니다. 작업자들의 기량을 한 사람씩 테스트하고 확인해 나간다. 기본적으로는 리드 아티스트라고 불리는 리더 격을 몇 명 선택해서 사전에 샘플테스트를 현장 옆에서 행한다. 이것은 굉장히 대규모 목업(mock up-실물크기 모형)작업이다. 만약 이 테스트에 합격하지 못하면 현장에 그 업자는 들어갈 수 없다. 그 경우, 다른 작업자를 채용하든지, 다른 회사에 일을 넘기게 된다. 또 시공중이어도 어느 한 회사가 자체 용량을 넘어선 일을 따낸 결과, 현장에서 질 높은 작업을 진행하지 못할 경우에는 작업인 증원이나 타사와의 작업량 분담을 강하게 요구한다.

◆기획으로서의 평가와 전망

세계에서 3번째가 될 유니버설 스튜디오 재팬, 그런 의미에서 앞선 2곳의 경험을 살려서 진화한 세계에서 최고의 유니버설 스튜디오 재팬이 기획되었다.

구상까지 포함하면 개관까지 약 10년의 세월을 소비했다. 10년이라고 하면 터무니없이 길게 느껴질지도 모르겠다. 그러나 이만큼의 테마파크를 만들기 위해서는 타당한 기간이다. 디자인의 콘셉트 대부분이 이미 미국의 두 유니버설 스튜디오에서 완성됐음에도 불구하고 유치부터 포함하면 이 정도 세월이 필요한 것이다. 만약 안이하게 서둘렀다면 지금의 유니버설 스튜디오 재팬은 존재하지 않았을 것이다. 장소와 자금만이 조달된다고, 또 지금까지의 유니버설 스튜디오를 흉내 내고 옮겨놓는다고 새로운 파크가 완성되는 것은 아니다. 미국에서 설계도와 디자인만을 건설현장으로 가지고 와서 건설하고 있었으면 이와 같은 성공은 있을 수 없었을 것이다.

잊어서는 안 될 것은 테마파크 디자인을 이해하는 사람과 각 프로세스를 감수하는 사람이 일본에는 아직 적다는 것이다.

감수만이라도 제대로 한다면, 만드는 것 자체는 일본의 시공업자라도 문제없다.

단, 전체를 총괄하고 각 요소를 감수하는 설계감리가 필요한 것이다. 물론 이 속에는 앞에 나온 FAD도 포함된다.

그리고 충분한 시간을 소비해서 기획을 진행한 것이, 여러 프로젝트를 급하게 건설해 버리는 요즘과 같은 풍조를 바꿀 수 있는 계기가 되었으면 좋겠다. 기획자나 설계자는 기획단계에서 확실하게 당초 설계한 목표와 그 기획・설계가 알맞은지 확인해야만 한다. 출자자의 발언권이 강한 경우가 간혹 있다. 그러나 문제는 출자자가 운영의 전문가가 아니라는 것이다. 이런 점에서, 유니버설 스튜디오 재팬 프로젝트는 출자자의 이해가 풍부하여, 출자자는 US사 측의 의견에도 귀를 기울여 대체적으로 순조롭게 개관에 이르렀다고 판단된다.

2008년으로 7주년을 맞이하여 개관 당초보다 어트랙션이 늘어나는 등 유니버설 스튜디오 재팬은 진정한 테마파크로서의 입지를 확고히 해 나가고 있다.

앞으로는 구상단계부터 17년을 거친 유니버설 스튜디오 재팬에 쏟은 관계자 모두의 '집착'을 다시 한 번 재확인하고, 갖고 있는 매력을 최대한 파크의 미래를 위해서 활용하도록 노력하는 것이다.

국제화, 고령화, 테마파크로의 고객의 요구변화, 대형 고객유치시설(쇼핑센터)과 같은 차별화 등 해결해야 할 과제가 많이 남아 있다.

고객이 무엇을 바라고, 무엇을 제공할 수 있는가, 설계 전단계인 기획은 지금까지 이상으로 고객과 사람에게 주목하고, 설계단계에 명확히 그 의도를 전달해 나갈 필요가 있다.

디자이너이기 이전에 한 사람의 인간으로서 감동하는 것을 잊어서는 안 된다. 유니버설 스튜디오 재팬이 앞으로도 계속해서 사람들에게 감동을 제공해 나갈 것을 바란다.

——— 참/고/문/헌

• 「特集ユニバーサル・スタジオ・ジャペンの全貌」(月刊レジャー産業資料別冊『AMビジネス NO35』)綜合ユニコム, 2001

A Column

호기심 넘치는 전시와 워크숍으로 교류

키즈플라자(Kidsplaza) 오사카 / 다나카 나오토

만남과 놀라움이 넘치는 박물관, 키즈플라자 오사카는 "어린이들이 즐거운 놀이나 체험을 통해서 배우며, 창조성을 높이고, 가능성이나 개성을 키운다"는 기본 이상으로 1997년에 오사카에 탄생한 본격적인 어린이를 위한 박물관이다. 어린이의 자주성과 주체성을 존중하고 어린이가 주인공이 되는 시설을 목표로 하는, 면적 8,342.79m^2의 관내에는 설레고 두근거릴 다양한 체험활동(발견, 창작, 표현, 교류)을 활성화·창출할 수 있도록 많은 사람이나 물건, 정보와의 친밀한 관계를 촉진하고, 신선한 감각으로 발견하고 감동하게 하는 기교가 연출되어 있다.

또 체험적인 공간이나 전시의 기획만이 아닌 어린이의 호기심이나 흥미와 관심을 불러일으켜서 의욕을 생기게 하고, 각종 프로세스를 중요시하는 워크숍을 개최하고 있다. 게다가 시민과 스텝, 시민간의 협동작업(Collaboration)의 시스템 일환으로 리소스센터(Resource Center)를 설치하고, 보호자나 어린이에 관계된 연구자, 예술가, 교원 등 여러 가지 활동을 하는 사람들(시민)이 전시물이나 프로그램의 연구개발, 사업기획 운영 등에 참가하고 있다. 그리고 관내에서는 시민자원봉사자(Interpreter)가 어린이들과 함께 놀고 의문이나 질문에 답하는, 어린이들과 전시물을 잇는 다리 역할로 가족적인 분위기로 활동하고 있다.

어린이들이 좋아하는 놀이를 통하여 가까운 곳에서 일어나는 일에 신선한 발견이나 놀라움을 느낄 수 있도록 전시와 워크숍을 융합시킨 '어린이를 위한 박물관' 키즈플라자 오사카는 시민에게 열린, 시민과 함께 관의 운영을 진행하는 시민참가형 시설을 목표로 하고 있다.

부모와 자녀가 즐길 수 있는 워크숍

B Column

직업의 사회체험

키자니아(KidZania) 도쿄 / 다나카 나오토

키자니아 도쿄는 2006년, 도쿄도 고토(江東)구 도요스(豊州)에 만들어진 어린이들의 체험형 시설이다. 직업체험은 기본적으로 2~15세 어린이로 한정된다. 어른은 어린이의 동반만 가능하고 직업체험은 할 수 없다. 대신에 시설 내에는 보호자라운지가 설치되어 있어 어린이들을 기다리는 공간이 확보되어 있다. 이 시설에는 실제 가게와 똑 같은 가게나 시설이 있으나, 크기는 약 2/3인 어린이 사이즈로 만들어져 있다. '킷조'라고 하는 키자니아에서만 통용되는 통화가 있어서 직업체험이 끝나고 급료조로 받는다. 관내의 각 파빌리온(Pavilion)에서는 어린이들의 연령이나 흥미에 맞춰 소방원, 승무원, 모델, 의사 등 80종류 이상의 직업이나 배움의 장이 준비된 파빌리온이 제공된다. 일하기 전에 슈퍼바이저(Supervisor-스텝)에게 설명을 듣고, 직업에 종사하는 식이다. 놀이 속에서 사회의 룰이나 매너, 경제구조, 장래의 가능성을 배운다는 직업체험을 바탕으로 한 사회학습의 장이 되고 있다.

기획의 요점은 출전 각 기업과 연계하여 기업의 광고선전의 장을 제공하면서 어린이들에게는 꿈과 사회의 일을 배우는 장을 제공하는 형태이다. 기업 유니폼에 몸을 감싼 아이들을 부모들이 쳐다본다고 하는 것은 큰 선전효과가 있으며, 이 광고효과는 각 기업에게 매력적이다. 수익 모듈을 입장료만이 아닌 각 기업의 부담금에도 두었다고 하는 참신한 비즈니스 모델이라 할 수 있다.

피자가게의 점원이 된 양 일하는 어린이들

C Column

행동 · 생태전시라고 하는 기묘한 아이디어

아사히카와(旭川)시 아사히야마(旭山)동물원 / 다나카 나오토

시민이 가장 바라던 시설로 1967년에 개원한 기타홋카이도(北北海道) 아사히카와시에 위치한 아사히야마동물원은 첫해에는 동물이 있는 것만으로 신기해서 입장객 수가 45만 명으로 대성황을 이뤘다. 1970년대 후반, 관람차를 대형으로 바꿔 만들어 제트보트 등의 놀이기구를 신설함으로써 다른 시설과 같이 시민의 관심은 동물보다 색다른 놀이기구로 옮겨갔다. 어린이들은 입장하면 동물이 있는 곳이 아닌 곧바로 놀이시설을 향해 달려가게 되어 아사히야마동물원은 언제부터인가 유원지로써 번창했다. 그러나 그 후, 전국의 동물원과 똑같이 입장자 수가 감소하고 연간 3억 엔의 적자를 내는 등 아사히카와시부터도 짐 취급을 받게 되었다.

위기에 놓인 아사히야마 동물원을 구한 것은 직원이 동물원의 바람직한 형태를 함께 이야기하면서 매년 그려온 14장의 스케치였다. 화제의 펭귄, 북극곰, 바다표범 등 결코 신기하지 않은 동물들이 인기를 얻을 수 있었던 것은 동물의 형태를 보여주는 종래의 형태전시에서 동물 본래의 행동이나 능력을 보여주는 행동전시를 더하고, 가능한 한 자연에 가까운 상태로 보여준다는 '생태전시' 요소도 병행하는 독자적인 방법의 고안과 아이디어를 공간화한 기획이 있었기 때문이다. 거대한 새장 버드 케이지(Bird Cage) '도토리(ととり)촌'은 사람이 안으로 들어가서 새들의 생태를 관찰한다. 이전에는 새가 날아가지 않도록 날개의 일부분을 잘랐었으나, 이 방법으로는 '새는 날아다니고서야 새'라는 새의 나는 능력, 자연의 형태를 관찰할 수 있다. 행동전시 · 생태전시의 방향성은 기획의 원동력이 된 것이다. 호랑이나 사자, 표범 등의 생식환경에 맞춘 방사장(放飼場)[역자주2)]이 특징인 '맹수관', 물

바다표범이 상하로 헤엄치는 형태를 가까이에서 볼 수 있다.

2) 동물을 풀어놓고 사육하는 장소

속을 나는 듯이 움직이는 펭귄을 수중터널에서 보는 '펭귄관', 나무 위에서 생활하는 오랑우탄의 본능을 살린 '공중운동장', 거드럭거리며 걷는 북극곰을 눈앞에서 볼 수 있는 반구 모양의 돔형 창을 설치한 '북극곰관', 호기심 왕성한 바다표범이 원형 기둥 수조를 위아래로 교차하며 움직이는 형태를 보려고 장사진을 이룬 '바다표범관' 등 잇달아 정비되는 참신한 전시시설은 화제를 불러 입장자 수도 매해 증가했다.

어떻게 동물들의 자연 형태를 전할까? 그러기 위해서 동물들이 진정 하고 싶은 것은 무엇인가를 생각하고 스태프가 지혜를 짜온 숙고와 고안의 결과이다. 새로운 아이디어의 실시는 많은 기술적인 도전의 연속이었다. 새로운 시설의 기획에는 설계부터 직원이 관여한다고 한다.

최북단에 위치한 교통의 불편함이나 적은 주변 인구는 약점이 된다. 그러나 펭귄의 산책 등 눈이 없으면 할 수 없는 행동전시는 우에노(上野)동물원[역자주3)]에서는 따라 할 수 없는 장점이다. 또한 숙달된 사육사의 존재도 보이지 않는 힘이었다. 약점으로 보이는 것을 얼마나 강점으로 바꿀지에 지혜를 짜내지 않으면 안 된다.

동물원의 인기가 바닥을 기고 있을 때, 동물의 행동이나 생활을 보여줄 행동전시라는 재미난 방법으로 전국의 주목을 모운 아사히야마동물원이 가져온 지역경제 효과는 크고, 지방재생이나 자치단체가 주도한 비즈니스 성공사례로 주목하고 싶다. 기획에 있어서 아사히야마동물원의 모방에 그치지 않고 아이디어를 실현하는 행동력을 본받아 전국에서 다양한 동물원을 볼 수 있기를 기대한다.

D Column 지역전통을 살려서 관광지 소생

오카게 요코쵸(横丁-골목) / 다나카 나오토

오카게 요코쵸(골목)는 이세(伊勢)의 명물과자 · 아카후쿠(赤福)가 이세 '덕분'에 장사를 계속할 수 있었다는 마음으로, 이세신궁(伊勢神宮)의 내궁 문 앞의 오하라이 마을 속 약 2,700평 부지에 에도[역자주4)]말기부터 메이지[역자주5)]초기에 걸친 이세거리

3) 동경에 위치한 동물원
4) 에도(江戸)시대-1603~1867년
5) 메이지(明治)시대-1868~1912년

의 대표적인 건축물을 이축 · 재현하여 1993년 7월에 탄생한 마을이다. 십자 모양의 골목 중간에는 큰 북을 넣어두는 창고가 우뚝 서있고, 그 주변 20채 건물에는 선별된 이세거리의 노포(老舗) 31점이 즐비하고, 세 가지 노포의 맛, 명산물, 역사, 풍습, 인정까지를 한꺼번에 체험할 수 있다. 매일 매일이 축제인양 떠들썩하면서도 어딘지 정겹고 여유롭게 시간이 흐르는 안락한 장소이기도 하다.

그러나 여기까지 오기에는 다난한 역사가 있었다. 내궁 문 앞까지의 넓은 도로나 대형주차장이 정비되고 관광버스로 직접 내궁 앞까지 갈 수 있어서, 관광객은 상점가에는 안 가고 참배하고선 바로 토바(鳥羽)나 시마(志摩) 부근으로 가는 것이 당연시되어버렸다. 번영을 이루던 상점가도 한때는 파멸상태로 철골구조의 빌딩이나 셔터를 내린 폐업점포가 눈에 띄는 거리풍경이었다. 이런 상황 속에서 지역인들의 의지로 매력 있는 도시 꾸미기를 모색하는 활동이 시작됐다. 여기서 이 고장의 기리즈마(切妻)[역자주6)] · 즈마이리(妻入り)[역자주7)]라 불리는 전통건축인 이세구조로 거리를 통일하게 되고, 1989년에는 오하라이 마을 일대가 보전대상이 되어 '이세 시가지 보전조례'가 제정되었다. 지역 기업 '아카후쿠(赤福)'에 의한 시가지 개선을 위한 기부금의 일부로 기금을 만들고, 시가지 보전조례에 따라 건물의 개축, 신축하는 사람에게 무이자에 가까운 저금리 융자제도를 실시했다. 그러자 10년 사이에 시가지는 순식간에 정비되어 산책을 즐길 수 있는 도시가 되었다. 오카게 요코쵸는 일종의 테마파크 같지만 어디까지나 도시의 일각이라는 것에 집착하여, 단지 들어가는 것만으로 돈을 지불하는 곳이 아닌 와서 즐긴 고객이 사는 선물이나 식사 수익으로 이 요코쵸를 운영해갈 방침을 세웠다.

전국적인 소비불황 속에서 중소소매점이나 상점가도 해마다 어려운 경영환경에 처하고 있다. 고객을 상점가로 불러들이기 위해 지금까지 묻혀있던 마을의 매력을 꺼내는 것이 중요하다. '오카게 요코쵸'는 관민(館民)이 합심하여 마을을 훌륭하게

6) 펼친 책을 덮은 듯한 형태의 지붕을 한 건물(사진 1-기리즈마의 현대건축 예)
7) 건물의 짧은 면에 출입문이 있는 건물(사진 2-즈마이리의 기리즈마 건물 예)

(사진 1)

(사진 2)

부활시킨 사례이다.

시가지를 즐기는 사람들

E Column 설국 특유의 구조물로 도시 꾸미기

고미세(こみせ) / 다나카 나오토

아오모리(青森)현 구로이시(黒石)시 나카마치(中町) 거리에는 에도시대 중기부터 현존한, 일본의 길 100선에도 뽑힌, 설국 특유의 건조물 '고미세'가 있다. 고미세란 여름에는 더운 햇볕을 차단하고 겨울에는 눈보라나 적설로부터 사람들을 지키는 집들을 연결시킨 목조 아케이드형태의 통로로, 일찍이 즈가루(津軽)지방 일대에 분포했다. 고미세는 장을 보러 온 사람을 위해 부지 내에 만들어진 인정이 넘치는 거리이다. 1973년에는 다카하시가(高橋家)의 건물이 국가 중요문화재로 지정되고, 다카하시가의 주택, 술 제조 가게, 창고 등이 아름답게 줄지어 있는 풍경을 보러 많은 관광객이 찾았다.

그러나 이렇게 되기까지 많은 어려움이 있었다. 1980년대 후반에 고미세 거리에 접한 유서 있는 집들이 토지와 건물을 내놓게 되어 부동산업자에 의한 매수와 고층 맨션화 계획이 생겼났다. 위기감을 느낀 지역의 유지가 자금을 모아 건설예정지구를 매수하여 1990년에는 고미세의 모임을 설립하고 본격적으로 도시 꾸미기에 나섰다. 그 후, 전통적인 시가지 보존에 맞춰 1997년에 고미세 역을 정비하였고, 이후 고미세를 지탱하는 상가 · 창고, 가구지[역자주8)] · 골목 등을 포함한 독특한 시가지 공간을 재생 · 정비하였다. 1998년에는 구로이시시 중심시가지 활성화 기본계획이 작성되고, 2000년에는 TMO '즈가루고미세주식회사'가 설립되었다. 많은 구로이시 민이 응원단으로 참가하는 고미세 보존 · 활용으로의 몰두는 2005년 4월 국가의 중요 전통적 건조물군 보존지구(중전건지구) 지정이라는 성과로 이어졌다.

동북의 소도시 중심시가지를 지역성, 풍토성 풍부한 도시형 관광지역으로 재생한 사례이다. 그 배경에는 지역에 대한 많은 애착과 긍지를 갖는 시민의 힘이 느껴진다.

앞으로는 문화재보호와 관광거점으로서의 진흥이라는 두 가지를 양립시킬 수 있는 기획을 추진해야 한다. 그때는 역사적 자원이 모든 사람에게 부드러운 환경으로서 지속해 나가는 유니버설 디자인의 궁리와 기본적인 공간정비를 빼놓을 수 없을 것이다.

사람들에게 사랑 받는 설국의 시가지, 고미세 거리

8) 집의 뒤쪽을 가리키는 사투리

2 환경공생과 지속 가능한 디자인

사노 고즈에 · 가시와라 시로오(佐野こずえ · 柏原士郎)

'자연의 일부'에서 '자연과 공생'하는 시대

'환경'이란 지구 · 도시 · 지역 · 주변 · 건축 전체를 포함하고, 자연환경과 사회환경 양쪽을 포함한 주변 상태를 말한다(그림 1). '공생'이란 본래의 생태학적인 의미가 아닌 함께 같은 장소에서 생활하고 함께 살아간다는 것이다. 따라서 '환경공생'이란 인류는 환경의 일부라는 인식에 서서 전체로써 그것을 지켜내고, 함께 생활하고 살아가는 것이다.

원래 '환경공생'이라는 말은 환경파괴가 지구촌 전체로 문제시되고 난 이후에 눈에 띄기 시작했으나, 자연환경과 인간과의 공생 자체는 오래전부터 있어 왔다. 인류가 탄생했을 때 '공생'이라기보다는 인류 자체가 자연의 일부분이었고, 수렵시대의 이동생활 이전은 그 경향이 현저했을 것이다. 그러나 집단생활이 시작되고 한 곳에 정착하게 되었을 때, 자연에서 분리하고 '자연의 일부'였던 시대에서 '자연과 공생'하는 시대로 이동했다고 할 수 있다.

정착하기 위해서는 쾌적하게 거주할 수 있는 환경을 갖춰야 한다. 가혹한 자연환경부터 몸을 지키기 위한 고정된 건축이 필요하게 되고, 그 토지 특유의 건축이 발전했다. 버나큘러(Vernacular-풍토적인)건축이라 불리

- 인간의 환경
  - 자연적 환경
    - 물리적 환경 : 태양, 대지, 해양 · 하천, 대기 등
    - 생물적 환경 : 식물, 동물
  - 사회적 환경
    - 공동체적 환경 : 가정, 지역, 학교, 직장 등
    - 제도적 환경 : 정치, 조직, 법률 등
    - 경제적 환경 : 경제시장 등
    - 문화적 환경 : 이상, 여론, 종교, 예술 등
    - 정보 · 유사적 환경 : 통신, 인터넷 등
    - 인구 · 구축적 환경 : 건조공간, 도시공간, 근방, 경치 등

그림 1 인간의 환경

사진 1 토속(vernacular)건축 [터키 · 카파도키아(Cappadocia)][역자주9)]

9) 터키 중부 아나톨리아 중동부를 일컫는 고대지명

는 각 지역의 기후 · 풍토 · 문화 등에 맞는 건축이 생겼다(사진 1). 오랫동안 각 지방에서 계승되어 온 그들 건축에는 환경파괴가 문제시되는 오늘날 지속 가능한 디자인으로서 본받아야 할 부분이 많다.

환경공생주택의 권유

1990년에 지구 온난화 방지 행동 계획이 내각 관계각료회의에서 채택을 받아들여서 건설청(현 국토교통청)에서는 환경공생주택연구회가 조직되었고, 1997년에는 환경공생주택추진협의회로 되어 환경공생주택 건설을 주도적으로 추진하였으며, 환경공생의 기본테마로서 그림 2의 개념도를 들어 환경공생주택의 지표로 삼고 있다. 1993년에는 환경공생주택 시가지 모델사업(사진 2, 3)이 동 관청에서 창설되어 연이어 개발되기 시작하였다. 1993~2006년에 85개 지구가 실시 지구가 되었다. 또 2000년 6월에는 건축관련 다섯 단체(일본건축사회연합회, 일본건축사사무소협회 연합회, 일본건축가협회, 건축업협회, 일본건축학회)에 의한 '지구환경 · 건축헌장'이 선언되고, 건축의 전제조건으로 환경에 대한 배려의 중요성이 높아지게 되었다.

'환경공생의 기본테마'는 크게 세 가지로 나뉘고 겹치는 부분도 많다. '지구환경의 보전', '주변환경과의 친화성', '건강과 쾌적성'은 각각 환경공생주택이 지향해야 할 사항을 들고 있으나, 구체적인 방법은 충분하게 확립되어 있지 않다. 또 무엇을 어느 정도 배려해야 '환경공생'인지도 명확하게 정의되어 있지 않다. 다음은 환경공생추진협의회의 '환경공생의 기본테마'의 구체적인 내용이다.

사진 2　환경공생주택 시가지모델 사업 예(도쿄)

사진 3　환경공생주택 시가지 모델 사업 예(오사카)

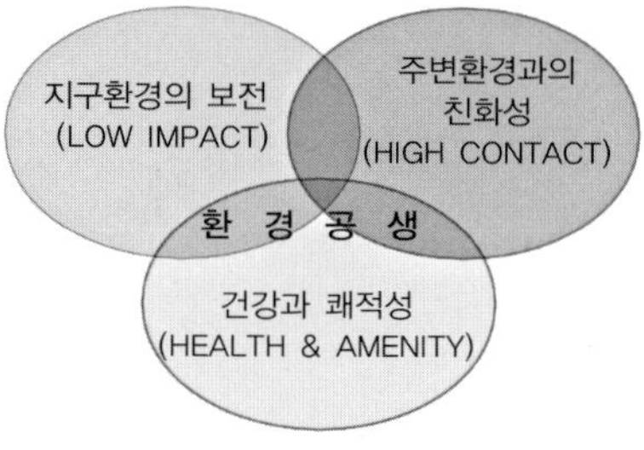

그림 2　환경공생의 기본테마

【환경공생의 기본테마】

(1) 지구환경의 보전

- 에너지의 소비감소와 효과적인 이용을 도모할 것
- 자연의 미사용 에너지를 효과적으로 이용할 것
- 자원을 효과적으로 이용할 것
- 폐기물을 줄일 것

(2) 주변환경과의 친화성

- 생태적 풍부함과 순환성을 배려할 것
- 건물 내외의 연관성에 배려할 것
- 지역사회·문화와의 조화를 도모할 것
- 입주자의 공생적 활동을 지원할 것

(3) 건강과 쾌적성

- 자연의 은혜를 향유할 수 있도록 배려할 것
- 안전하고도 건강하며 쾌적한 실내환경을 실현할 것
- 아름답고 조화로운 디자인을 채택할 것
- 풍부한 집주성이 도출되도록 배려할 것

더욱 구체적인 환경공생방법을 각 기본테마에 따라서 분류·정리한 것이 그림 3이다. 각 방법은 환경공생의 기본테마에 거의 들어맞지만 복수의 테마에 걸친 방법이나 전혀 들어맞지 않는 방법도 있다. 방법명도 설계자에 의해 명명되어 보다 분류하기 어렵게 되어 있다.

모델사업으로 건설된 주택은 먼저 실행된 유럽을 본받아 발전한 설비기술을 구사해서 만들어진 주택이지만, 설비가 효과적으로 작동하지 않는다든지, 유지관리의 어려움 등 많은 문제를 안고 있다. 그것은 단순하게 하

- 환경공생방법
  - 지구환경의 보전
    - 지역 생태계로의 배려 — 생태계로의 배려, 지역의 물환경의 배려, 온난화 방지 등
    - 자원의 고도 유효이용 — 자원절약 · 리사이클, 폐기물 감소, 쓰레기 대책, 절수, 높은 내구성 · 장수명화 등
    - 에너지절약 — 자연에너지의 이용, 에너지절약 대책, 열효율의 향상 등
  - 주변환경과의 친화성
    - 지역 경관의 보전 — 지역 경관의 보전, 가로계획 등
    - 지역 커뮤니티 형성 — 인근 커뮤니티 형성 등
    - 지역의 풍토 · 문화 · 산업의 배려 — 고장특산물 사용, 눈 대책 등
  - 거주환경의 건강 · 쾌적성
    - 건물 내외의 설계 구상 — 건물설계 구상, 무장해공간(Barrier Free), 일사조절, 통풍 · 환기, 고기밀 · 고단열 등
    - 건강을 배려한 계획 — 새집증후군(Sick House) 대책 등
    - 녹지화 — 계획 녹지화, 자주 녹지화 등
  - 지원시스템
  - 기타

그림 3 환경공생방법

사진 4 환경학습을 겸한 시설[그린그린, 후쿠오카(福岡)]

드상의 문제만이 아닌 설계자와 주민 간 의식의 차이나 의사소통의 부족 등 소프트상의 문제도 원인 중 하나이다. 환경공생주택 계획은 설비에만 의지하는 것이 아닌 거주자에 심적 부담을 주지 않는, 하루하루의 생활이나 행동이 결과로 환경에 배려한 생활에 일조하는 것이 중요하며 환경의 일부로서 환경에 부드러운 주택이 앞으로 건설되어야 한다.

환경공생건축의 권유

환경을 배려한 건축은 주택만이 아닌 오피스빌딩, 병원, 학교 등 여러 건축 타입으로 퍼져 있다. 주택과 달리 규모가 큰 건축이 많기 때문에 환경을 배려했을 때의 효율도 크고, 기본테마인 '지구환경의 보전', '주변환경과의 친화성'에 비중을 둔 계획을 많이 볼 수 있다. 환경공생방법을 채용하는 것만이 아닌 환경학습을 겸한 시설도 있어, 일반적으로 환경공생의 개념을 넓히는 역할도 하고 있다(사진 4).

주택은 개인의 기호에 좌우되는 부분이 크지만, 다른 건축 타입의 경우는 다분히 경제효율이 우선된다. 그러나 지구환경문제가 크게 다루어지고, 그 대책마련이 시급해지면, 기업 이미지를 높이기 위해 적극적으로 환경공생건축을 건설하는 기업도 볼 수 있다. 영국의 'BREEAM'이나 미국의 'LEED' 등 해외 평가시스템은 이미 확립되어 있지만, 일본에서는 어느 정도 무엇을 하면 환경공생인가라는 룰은 확립되지 않았다. 그러나 2001년부터 국토교통청 주택국의 지원으로 단일건축물의 환경성능을 평가하는 '건축물 종합환경평가시스템(CASBEE=Comprehensive Assessment System for Building Environmental Efficiency)'이 개발되고 종합평가는 'S랭크(훌륭)', 'A랭크(굉장히 좋음)', 'B+랭크(좋음)', 'B랭크(조금 부족)', 'C랭크(부족)'의 5단계로 나뉘고, 평가 A 이상이 지속 가능한(Sustainable) 건축으로 우량하다고 판단한다. 또 2006년에는 건축들의 환경성능을 평가하는 'CASBEE-도시 꾸미기'도 개발되었다.

환경공생의 개념을 넓히기 위한 지원시스템

환경공생이 지속 가능한 디자인으로 정착하기 위해서는 일반적으로 환경공생의 개념을 넓히는 일이 우선이다(사진 5, 6). 그러기 위한 방책으로 환경공생방법 중에서 지원시스템이 가장 필요하다고 할 수 있다. 지원시스템은 국가・지방자치단체 등의 행정, 공급주체, 시민단체, 개인 등 여러 규모가 있다. 또 종류도 보조제도 등의 지원부터 환경공생의 지식을 갖기 위한 학습지원까지 폭넓다.

건축환경・에너지절약 기구에서는 지금까지의 연구성과를 토대로 환경공생주택의 기준을 정하고, 모두가 환경공생주택의 똑같은 이미지를 갖도록 하면서 인정함으로써 환경공생주택의 보급을 도모할 것을 목표로 하고 1999년부터 환경공생주택의 인정・평정・표창제도를 만들었다.

인정제도는 필수요건과 제안유형의 2단계로 구성되고, 필수요소는 환경공생주택을 말하는 주택으로 최소 충족해야 할 레벨의 설명서, 제안유형은 제한적인 기준을 정하지 않고 자유롭게 발상한 환경공생에 도움이 되는 기술이나 설계의 구상 제안을 요구하고 있다. 환경공생주택의 인정은 '시스템 공급형', '개별 공급형', '단지 공급형', '단지시스템 공급형'의 4개로 나뉜다.

평정제도는 아래의 4개로 이루어지고 있다. '단열성능・기밀성능・차세대 에너지절약 기준 적합주택 등에 관한 평정'은 새롭게 개발된 재료나 공법 등에 대해서 주택의 에너지절약 기준을 정하는 성능과 동등한 성능의 유무를 평정한다. '열 부담 계산법의 개발과 프로그램 평정'은 주택의 열 부담 계산을 위한 시뮬레이션 프로그램의 개발과 일반적으로 개발된 계산 소프트를 평정하는 것이다. '에너지절약 계산 프로그램 평정'은 건축물의 설계계획, 에너지절약 계획서의 작성 등에 이용하는 각종 에너지절약 계산 프로그램의 평정이다. '환경에너지 우량 건축물 평정'은 실내환경 수준을 확보하고 일정 수준 이상의 에너지절약 성능을 갖추고 있는지를

사진 5 환경공생 개념을 넓히기 위해 녹지화 되는 예
(후쿠오카시 청사)

사진 6 지속 가능한 디자인의 예
(에너지절약 건축 · 런던시 청사)

사진 7　녹지의 청소활동 풍경

사진 8　채소밭에 모인 고령자들의 교류의 장
교류의 장소 : 채소밭에 모인 고령자들

[토사하(土佐派)의 집 12가지 조건]

① 지역의 집들과 어울리는가.
② 지역의 재료를 사용하는가.
③ 생활의 상처를 치유할 수 있는가.
④ 100년을 버틸 수 있는가.
⑤ 리모델링이 쉬운가.
⑥ 보수부품을 구할 수 있는가.
⑦ 유류파동에 버틸 수 있는 공법인가.
⑧ 다른 생물을 해치지 않는가.
⑨ 지구 온난화를 억제할 수 있는가.
⑩ 희소자원을 소비하지 않는가.
⑪ 독물에 의존하지 않는가.
⑫ 오래 되고도 여전히 아름다운가.

그림 4　토사하의 뛰어난 주택 체크리스트(『건축사』 2004년 3월호)

평정하고, 일정 수준 이상의 건축물에게는 마크의 교부가 행해진다.

표창제도는 환경부담 감소, 에너지절약에 뛰어난 성능을 갖는 건축물의 사무소빌딩, 상업·서비스빌딩 및 그 외 빌딩의 세 부문과 주택에 국토교통장관상, 해당 재단이사장상을 수여함으로써 그 기술 등의 보급·촉진을 도모한다. 건축물은 홀수 년에, 주택은 짝수 년에 각각 표창이 주어진다.

그 외 지원시스템으로는 광고활동을 들 수 있다. 특히 효과가 높은 것은 학습시스템이다. 거주자 자신이 환경과 공생하는 것을 생각하고, 배우고, 실천하도록 지원하는 것이 효과적이다.

비오톱(Biotope-소생활권)이 보이는 환경공생학습실, 주민참가형 관리시스템 등(사진 7, 8) 배우면서 환경공생에 참가가 가능한 방법이다. 초등학교 등에서는 비오톱 만들기를 비롯한 그 자리에서 생물, 식물을 키우고 관찰함으로써 쉽게 접할 수 있는 학습공간을 마련하고 있다. 또 집합주택 관리에서는 '꽃과 녹지 협정'에 의한 지급제도를 이용하여 공동으로 묘목이나 씨를 키움으로써 녹지관리·운영을 학습하는 곳도 있다.

즐기면서 환경에 배려하는 궁리

설비 의존형인 현대사회에서는 의식하고 환경에 배려하지 않으면 지속가능한(Sustainable) 환경공생이 어렵다. 그러나 시작하는 것이 힘들면 지속하기도 어렵다. 예를 들어 절전하는 것이 아닌 절약한 전기를 전력회사에 되팔아서 수입을 올리거나 함께 녹지를 관리해서 공동으로 식물을 키우거나 공동작업을 즐김으로써 불편한 것을 불편으로 생각하지 않고 생활하는 창의력이 필요하다. 즐기면서 생활할 수 있는 것이 오래 가고, 건축이 지속 가능해지는 중요한 요소일 것이다. 마지막으로 환경공생 면에서도 뛰어난 주택의 체크리스트로 현대 건축가 집단인 '토사하'의 12가지 조건을 소개하겠다(그림 4).

—— **참/고/문/헌**

- 柏原士郎編著『建築デザインと環境計畫画』鹿島出版会, 2005年
- 佐野こずえ「環境共生型集合住宅の設計手法に関する研究」大阪大学学位論文, 2003年

환경공생과 지속 가능한 디자인의 실천

우에다 마사토(上田正人)

◆개요

사이토(국제문화공원도시)는 오사카(大阪) 북부 구릉에 위치하는 복합기능도시로, 도시재생기구[이하 UR(Urban Renaissance)도시기구]가 특정 토지구획정리사업으로 조성 등의 도시기반정비를 행하여 오사카부, 이바라키(茨木)시, 미노(箕面)시가 공동시설을 정비하여 민간사업자가 주택개발이나 시설정비를 시행하는 관민 공동프로젝트이다. 개발구역은 743ha, 계획거주인구 5만 명, 시설인구 24,000명. 2008년 5월말 시점의 거주인구는 6,100명이 채 안 된다.

사이토는 오사카 도심에서 약 18km, 센리뉴타운에서 북으로 약 2km 떨어진 위치에 있고, 주변에 오사카대학, 오사카 생물학(Bioscience)연구소, 센리 생명과학(Life science)센터, 국립순환기병센터, 국립민속학박물관, JICA(Japan International Cooperation Agency-일본 국제협력사업단)오사카 국제센터 등의 학술・문화・연구기관이 연계하여 국제화, 고도정보화, 고령화 등에 대응한 도시 꾸미기를 지향하고 있다(그림 1).

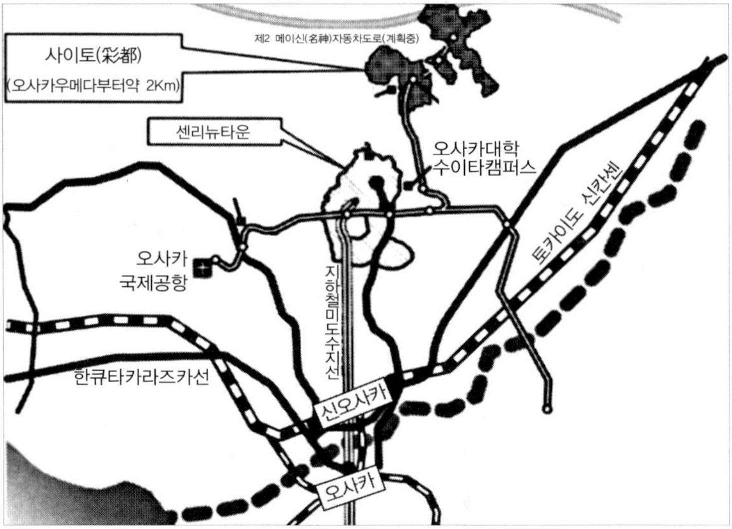

◆ 콘셉트 · 목적

사이토 건설추진협의회는 콘셉트로 '자연과 인간의 공생을 지향'을 들어, 2005년에는 국가(일본)에서 '지구온난화대책 · 열섬(Heat Island)대책 모델 지역'으로 지정했다.

또한 '생명과학(Life Science)의 국제거점 형성'이 내각관방(內閣官房)에서 도시재생 프로젝트의 결정을 받아 '사이토 Biomedical Cluster구상'이 문부과학청 '지적 문화 창출사업'으로 채택되는 등 단순한 주택지개발이 아닌 오사카의 활성화를 목표로 하고 있다는 점도 특색이다. 생명과학공원(Life Science Park)에는 의학기반연구소나 사이토 바이오 인큐베이터(Bio Incubator)(사진 1), 첨단의료 · 제약기업의 연구소, 암 치료를 중심으로 한 사이토 유코카이병원(사진 2)도 이미 오픈한 상태이다. 직주근접 개념은 영국의 전원도시 레치워스(Letchworth)와 같이 지속 가능한 디자인의 요건이기도 하다.

사진 1 라이프 사이언스 파크의 사이토 바이오 인큐베이터, 연구소 등

사진 2 사이토 유코카이병원

◆경위

오사카 북부 구릉의 개발 경위는 1960년대까지 거슬러 올라간다. 1970년에 개최된 오사카 만박(만국박람회)에 협력하기 위해 민간사업자는 소유지를 만박을 위한 용지로 양도하고 대신에 현재의 구릉지를 얻었다. 그 후 1982년 오사카부 종합계획에서 '국제문화 존'으로 자리 잡혀, 1988년에는 제3섹터(Sector)의 국제문화공원도시㈜가 설립, 관민 합동개발이 시작된다. 1992년 도시계획 결정, 1994년에는 주택·도시정비공단(현 UR도시기구)이 특정토지구획정비사업의 인가를 얻어 2003년에 주택분양이 시작되었고 2004년 봄에는 도시가 형성되었다.

◆계획의 특징

① 교통계획

2007년 봄, 사이토에는 오사카 모노레일(사진 3)이 운행되어 오사카공항과도 연결되고, 신칸센[역자주10)](센리츄오 환승)이나 교토 방면으로의 교통도

10) 한국의 KTX에 해당하는 일본의 고속열차

사진 3 열차선과 모노레일

좋아졌다. 또 오사카대학의 도요나카 캠퍼스와 수이타 캠퍼스·한다이(오사카대학)병원 및 사이토 인접지인 오사카 외국어대학교(2007년에 오사카대학과 통합)도 모노레일로 연결되어 있다. 계획 당초 대량운송기관의 후보로 한큐센리선의 연장과 오사카 모노레일 분기의 두 가지 안이 나왔다. 센리선을 연장하면 우메다[역자주11)]나 지하철 사카이스지선[역자주12)]과 직통으로 연결되지만 광역 센리의 네트워크를 형성할 수 없다. 모노레일의 채용은 도심으로의 통근수단과 더불어 학술·문화·연구기관과의 연계를 도모한다는 개발 콘셉트와 맞아떨어진 것이다.

또한 동중서(東中西) 각 지구의 도시규모는 대부분이 역에서 1km권으로 비교적 콤팩트하다. 자동차에 의지하지 않고 모노레일과 도보로 이동 가능한 도시구조는 지구온난화 방지로의 공헌도도 높다.

게다가 자가용의 이용 억제를 위해 IC카드로 무인으로 빌리고 반환하는 카 셰어링(Car Sharing)(환경청의 지구온난화대책 비즈니스 모델 인큐베이터사업 채택)도 선진적인 몰입으로 주목할 수 있다.

---

11) 오사카(大阪)의 중심부
12) 오사카 시내를 운행하는 오사카시가 운영하는 지하철

② 국제화에 대응한 교육환경

국제화를 위해서는 교육환경의 정비가 중요한 열쇠가 된다. 간사이에서는 고베에 인터내셔널 스쿨이 있어 외국인이 거주할 환경이 갖춰져 있었으나 오사카는 뒤쳐졌었다. 거기서 사이토에 토지를 소유하고 있던 한큐전철이 중심이 되어 1991년에 센리뉴타운 인접지에 외국인 학생을 대상으로 한 오사카 인터내셔널 스쿨과 귀국학생을 대상으로 한 센리 국제학원이 개설되었다. 두 학교는 하나의 캠퍼스로 수업이나 클럽활동 등을 합동으로 진행하고 있다. 국제화의 포석은 계획단계부터 깔려있었던 것이다.

③ 녹지화 및 자연보호

사이토에서는 수원이나 자연수풀을 남겨놓았다. 아사기사토야마공원(사진 4)은 서부지구에 있는 2.4ha의 근린공원으로 녹지광장・물의 광장・자연수풀 등이 있다. 물의 광장은 연못가에 친수(親水)테라스를 만들고, 호안(護岸)은 돌 등을 사용한 다자연형 호안을 채용하여 공원의 3분의 1을 차지하는 자연수풀은 조성 이전의 수풀을 활용한 것으로, 산책로나 습지의 소생활권(Biotope) 등도 정비되어 있다. 휴일이 되면 고령화로 인하여 어린이들의 목소리가 줄어든 센리뉴타운과는 대조적으로 가까운 맨션이나 주택에서 부모들이 아이들을 데리고 공원으로 모여 떠들썩하다.

조성 시부터 인공산림을 만든 것도 특징이다. 다카라즈카(宝塚) 패밀리랜드의 폐원으로 인해 벌채될 처지에 놓인 수목을 사이토의 맨션공사에 이식한 사례도 있다. 또한 영국의 레치워스(Letchworth) 재단의 스튜어트 케니(Stuart Kenny) 이사장이 2003년에 사이토를 방문했을 때, 레치워스 가든 시티(Letchworth Garden City)의 장미가 보내졌다. 그 작고 빨간 장미는 보도 옆에 피어 있다.

동부지구에는 약 4만m² 넓이에 1,200종 이상, 수만 개의 동백나무가 심어진 '츠바키야마(椿山)'의 보존이 계획되어 있다. 이것은 오사카만박(만국박람회)이 개최됐을 때에 잘릴 운명이었던 수많은 동백나무를 개인이 인

사진 4　아사기사토야마공원

사진 5　환경공생실증주택

수하여 심은 것이 계기였다. 츠바키야마는 '인류의 진보와 조화'를 테마로 한 오사카만박과 공생하지 못했던 동백나무가 21세기의 '자연과 인간의 공생 지향'을 테마로 한 사이토에서 꽃피는 시대를 초월한 개발의 심벌이 될 것 같다.

④ 환경・에너지 대책

사이토에는 국토교통청의 조성사업에 채택된 '환경공생실증주택'(사진 5)도 건설되었다. 이것은 외단열 공법이나 수지새시 & Low-E유리, 히트펌프(Heat Pump)식 중앙순환형(Duct Central) 공조기기 등에 의해 거실 한 개 정도에 대한 냉방정격능력(5kw)으로 주택 한 채 전체의 공조를 책임지는 에너지절약 달성을 목표로 한다. 또한 태양광발전, 옥상의 녹지화, 펠릿 스토브(Pellet Stove), 가스 열병합발전(Gas Cogeneration) 주택, 음식물쓰레기의 감량화, 우치미즈[역자주13)]대작전[역자주14)] 등 다양한 시도가 행해지고 있다.

⑤ 커뮤니티 형성을 위한 몰입

사이토에서는 개발사업자가 입주 전부터 여러 커뮤니티 양성 활동을 하

---

13) 정원이나 도로 등 야외에 물을 뿌림으로써 기온을 낮추려는 행위
14) 우치미즈(打ち水)로 전국의 도시의 기온을 낮춰보려는 프로젝트

건물 데이터

명　칭 : 사이토(국제문화공원도시)
소재지 : 오사카부 미노(箕面)시 사이토아오미나미(彩都粟生南), 사이토아오키타(彩都粟生北), 오사카부 이바라키(茨木)시, 사이토야마부키, 사이토아사기 외
용　도 : 주택지, 연구소, 그 외 업무용지
규　모 : 서부지구 / 313ha
사업자 : 도시재생기구(특정토지구획정리사업), 민간개발사업자(주택건설 등)
사용승인 : 2004년 서부지구 제1기 도시개장, 현재도 조성공사 지속중

고 홈페이지를 홍보했다. 현재는 UR도시 기구가 '사이토 커뮤니티 광장', 한큐(阪急)전철이 '사이토 스타일 클럽'이라는 서비스를 제공하고 있다. 전자는 무료로 홍보지를 모든 가정에 배포하고 있다. 후자는 회원 전용 유료서비스로 카 셰어링(Car Sharing), 관리인을 배치한 서비스 프런트의 운영, 키친 스타디움(Kitchen Stadium) 등의 제휴 공용시설의 운영, 커뮤니티 활동(다랑논에서의 쌀 만들기, 뒷산 다듬기, 장수풍뎅이 찾기, 요리, 도자기 공예 등)의 지원을 하고 있다. 거기에 이들 서비스가 자립으로도 운영할 수 있도록 관계자 간에 유한책임중간법인 '커뮤니티 사이토'를 만들어 현재 업무를 위탁하고, 장래에는 지구 내 교통이나 타운 시큐리티(Town Security) 등의 커뮤니티 비즈니스의 위탁을 목표로 하는 계획이 검토되고 있다.

그 외에 사이토건강도시구상이 진행되고 있어서 사이언스 세미나(彩ence역자주[15] Seminar), 사이언스 카페, 사이토 환경 미래 학원 등의 활동도 이루어지고 있다.

---

15) 사이토(彩都)의 사이(彩)와 사이언스(Science)의 사이(sci)를 겹쳐서 유니크하게 '彩ence'로 이름 붙임.

사진 6
한큐 사이토 가든 빌리지(Garden Village) 아사기(이바라키시 도시경관상 수상)

⑥ 주택계획

사이토에서는 단독주택과 14층 정도의 맨션이 주택공급의 중심이 되어 있다. 분양맨션의 용적률은 200%가 안 되어 공간적으로는 단독주택과 차이가 있으나 일본경제신문 조사[주1]에 의하면 인구밀도가 높을수록 주민 한 사람당 지불하는 행정비용이 낮아지며, 집합주택을 섞어서 인구밀도를 어느 정도 높인 도시계획은 효율적이라 할 수 있다.

◆기획으로서의 평가

사이토는 구릉지의 녹지를 개간하여 도시를 만들어서 근본적인 면에서 지속 가능한 개발을 어떻게 생각하느냐라는 큰 숙명을 안고 있다. 그러나 일본의 도시 대부분은 논밭이나 구릉지, 습지, 바다 등의 자연을 크던 작던 개조해서 만들어졌고 개발을 일절 하지 않는다는 선택사항을 배제하면, 환경 부담 허용범위에 대해서는 명확한 기준이 없다. 사이토는 조성하고 개발을 진행하는 과정에서 전술한 바와 같이 환경공생과 지속 가능한 디자인에도 고려한 사례라고 할 수 있다.

그런데 '주택 스고로쿠(双六)[역자주16]'에서는 교외의 정원 딸린 단독주택을 갖는 것이 목적이었으나 현재는 도심의 초고층 맨션이라는 선택사항도

사진 7 아사기사토야마공원에서 본 분양 맨션들

생겼다. 사이토는 간사이(関西)권에서 '이미지가 좋아진 도시'(주2)에는 첫번째로 '주목할 만한 인기주택'(주3)에도 올라 있어 평가가 높다. 교외주택지라는 사이토 콘셉트나 도시계획, 거기에서의 라이프스타일은 평가할만하다고 판단할 수 있다.(사진 6, 7)

◆앞으로의 개발계획에 대해서

2008년 4월에 UR도시기구가 사이토의 동부지구에서 철수라는 신문보도가 있었다. 이번 결정은 "2013년까지의 공사완료 및 2018년까지의 용지처분 완료를 할 수 없다는 것을 비롯하여, UR이 시행주체가 되어 사업을 실시하는 것은 어렵기 때문에 사업계획을 근본적으로 재검토한다"라는 것이다. 이것은 이전부터 정해진 UR도시기구중기계획 "뉴타운정비사업은 2013년까지 공사를 완료하고 신규사업 착수는 없다"에 따른 것이다. 앞으로의 대응은 UR도시기구나 오사부・지역 자치단체・각 지권자(地權者)역자주[17] 등이 협의해 나갈 사항이지만 전망은 어둡다는 표현이 적절하다.

16) 주사위를 던져서 나온 수만큼 말을 전진시켜 목적지에 도달하는 보드게임
17) 토지를 소유한 권리자

사이토 중부지구 유치를 목표로 하던 다케다(武田)약품공업의 새 연구소가 가나가와(神奈川)현 후지사와(藤沢)시에 이전을 결정하는 등 기업유치도 결코 순조롭지 못하고 인구 감소단계에 들어선 상황에서 뉴타운이 정말로 필요한가라는 말도 나왔다. 그렇다고 총 인구가 감소해도 도시로 인구가 집중하는 경향은 계속되고 있어서, 지역을 활성화해서 도시의 매력을 높이는 것도 중요하다. 사이토 동부지구의 북쪽에는 앞으로 신메이신(新名神)고속도로가 생길 계획이 있어 사이토는 기타오사카(北大阪)지역개발로서 경제적인 효과와 잠재성이 높은 지역이다.

사이토 개발의 미래는 환경공생과 지속 가능한 디자인을 담보로 진정으로 필요한 개발인가를 판별해 나가는 21세기형의 도시계획의 시금석이 될 것이다.

주 1 일본경제신문 2007년 10월 30일 조간. 일본 전국의 306개 시를 대상으로 조사
2 MAJOR7의 '맨션트랜드조사' (2006년 8월 3일)
3 『세오리(Theory) Vol.8』 '토지 그랑프리(2007~2008)' [고단샤(講談社)]

지역에 뿌리내린 주거지 만들기

도코로 치카(所 千夏)

◆개요

교마치야(京町家)[역자주18)]는 오랜 역사 속에서 장인들 사이에서 계승되어 온 기술과 지혜로 만들어진 전통건축으로 오랫동안 축적된 고도의 주거문화의 집대성이다. 그러나 최근에 수많은 교마치야가 사라지고 전통적인 거리풍경을 무시한 건물로 교체되고 있다. 잃어가는 교마치야와 쵸가[역자주19)]가 만들어내는 아름다운 거리풍경을 지키고, 차세대로 계승시키고 싶다는 관민의 다양한 프로젝트가 진행중이다.

여기에서 소개하는 것은 그 프로젝트의 하나로 지역에 공생하는 새로운 교마치야의 모델하우스로서, 제안대로 실현한 '교토 도시 속 복합건물' 프로젝트이다.

'교토 도시 속 복합건물'(사진 1)은 도시거주추진연구회와 교토시 경관·도시계획센터와 공동주최로 행해진 설계공모전(Competition)에서 이름 지어졌다. 여기서는 그 공모전의 운영 측에 초점을 맞춰 소개한다.

---

18) 교토(京都)의 쵸가(町家)
19) 직주일체형의 거주형식 및 건축이 늘어선 집촌

건물 데이터

소재지 : 교토부 교토시 히카시야마(東山)구 산죠도오리키타(三条通北)
우라시라카와수지니시이루(裏白川筋西入)
설계자 : 우오야시게노리(魚谷繁札)(현대 교토 도시형 주거연구회)
용 도 : 주택
규 모 : 층수 / 목조 2층 건물
사용승인 : 2007년

◆배경

공모전(Competition) 주최자의 도시거주추진연구회(주1)란 교토가 안고 있는 많은 주거지와 도시계획에 관한 문제에 초점을 맞춰 조사연구를 하고, 행정 각 기관에 대해 조언하는 활동을 반복하는 제안형식의 연구회다.

한편, 교토시 경관·도시계획센터(주2)란 시민·기업·행정이 협동하여 교토스러운 경관의 보전이나 질 높은 거주환경 형성에 몰입하기 위한 것으로 1997년에 교토시에 의해서 설치된 재단법인이다.

전자의 교토거주추진연구회에서는 창립 10주년을 계기로 '교토 복합건물'이라는 교토 특산물과 기술을 가지고 지역생산 지역소비의 촉진·지역경제의 활성화에 기여하는 주거지 계획의 모델 구축 프로젝트를 추진하고 있었다. 한편, 후자의 교토시 경관·도시계획센터에서도 지역에 뿌리내린 '교토 도시에 어울리는 주거지 만들기'의 연구에 몰두하고 있다.

도시거주추진연구회의 '교토 복합건물'의 활동이 '2005년 전국도시 재생모델조사'에 채택된 것을 계기로 교토의 주거지·도시계획에 의해 구체적인 모델 구축을 목표로 설계공모전의 개최가 검토되고, 연구회부터 교토도시경관·도시계획센터에 참가를 호소하여 설계공모전을 공동주최할 것이 정해졌다. 그것이 '교토 도시 속 복합건물' 설계공모전이다. 게다가 도

사진 1 교토 도시 속 복합건물 모델하우스 현관 디자인

시거주추진연구회의 일원인 겐토(建都)주택판매㈜가 사업주로 등극하면서, 이 설계공모전을 위해 부지를 준비하고 우수작품을 건설할 것을 제안했다. 설계공모전의 우수작품은 제안으로 그치지 않고 모델하우스로 실현할 것이 정해졌다.

◆건축기획으로서의 테마

이 설계공모전의 테마는 한마디로 말하면 지속 가능한(Sustainable) 주거지 만들기, 바꿔 말하면 교토 도시에 어울리는 주택의 공급과 지역경제 활성화에 공헌하는 주거지계획시스템의 구축이다.

여기서는 교토 도시 속의 전통 쵸가(町家)의 소실과 지역산업의 쇠퇴라고 하는 문제해결에 노력하고, 교토 도시에 어울리는 의욕적인 제안이 요구되었다. 더불어 특별히 예산을 들인 '호화저택'이 아닌 앞으로 건설될 주택의 보급형 '모델'이 되는 것도 중요하다. 구체적으로는 부지 주변의 시장가치를 판단하여 일반적으로 구입 가능하다고 판단되는 분양주택[역자주20)] 정도의 예산으로 실현 가능한 안이라는 것이 그 테마 속에 들어있다(사진 2).

---

20) 불특정다수의 구매자를 대상으로 산정하여 생산, 공급되는 주택

사진 2 설계공모전 대상 부지

◆ 공모전(Competition)안(案)의 설계 콘셉트

설계 공모전안의 설계 콘셉트를 넣기에 앞서 도시거주추진연구회와 교토시 경관·도시계획센터의 여러 조사연구를 기반으로 문제점을 파헤쳤다. 그 중에서 '지역공생형 주거지만들기'라는 테마를 기준으로 특히 아래의 3가지 문제점에 주목했다.

① 소자녀 고령화 사회 속에서 라이프스타일이 변화하고, 주거자의 요구에 융통성 있게 대응하지 못하고 대체되는 쵸야가 많은 것
② 차를 소유한 사람이 늘어 주차장을 만들기 위해서 건물을 셋백(Setback-건물이 도로보다 안으로 들어가게 하는 것)함으로써 건물의 연속성이 끊겨 전통적인 거리풍경이 무너지는 경우가 많은 것
③ 도시 속에 뿌리내렸던 지역 산업의 쇠퇴로 인해 그 토지의 이용형태가 바뀌고, 도시의 쇠퇴와 연관된다고 판단되는 것

3가지 문제점은 이 설계공모전에서 특히 중요시되는 과제로 판단되며, 이번 설계 콘셉트의 요점이 되었다. 공모전에 참가한 설계자들에게는 적어도 그 해결에 몰입하고서 새로운 제안을 해주길 바라는 것이 주최자 측

사진 3 모집요강(표지)

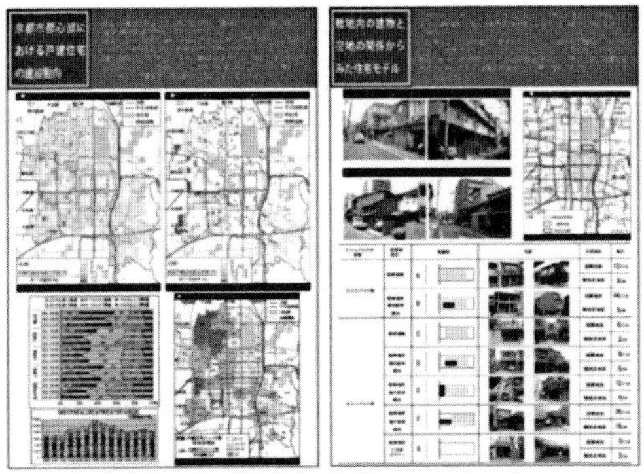

사진 4 모집요강과 함께 배포한 참고자료(일부 발췌)

의 공통된 의견이었다. 이 3가지 과제에 대해서는 명쾌하게 공모전 참가자들에게 전할 필요가 있다고 판단되어, 검토를 거친 결과 최종적으로 제1차 심사 설문으로 공모전 참가자들에게 질문하게 되었다.

◆경위

《설계공모전 준비단계 ~ 2005년 12월》

설계공모전은 2005년 12월 중순에 모집을 개시했다(사진 3, 4).

모집 개시에 앞서 대학관계자 · 건축가 · 행정관계자 등을 포함한 6명으로 구성된 설계공모전 운영위원회를 발족했다. 설계공모전의 구체적인 운영방법은 원칙으로 운영위원회에서 검토하고, 양 주최단체 및 심사위원회에 자문하는 형태로 결정되었다. 심사위원은 양 주최단체의 관계자를 중심으로 선출되어 교직경험자 · 건축가 · 부동산업자 · 행정경험자 합계 6명으로 구성된 폭넓은 시야를 갖는 심사위원회가 발족됐다.

심사는 처음부터 2단계로 검토가 진행되었다. 제1차 심사는 프로포절(Proposal) 방식으로 여러 명의 설계자를 선발하고, 제2차 심사에서 설계제안을 요구했다.

《제1차 심사 2005년 12월 ~ 2006년 1월》

제1차 심사 모집은 인터넷을 이용했다. 원칙으로 교토시 경관·도시계획센터의 홈페이지에서 모집요강을 다운받아 우편으로 회답하는 방법으로 누구든지, 전국 어디서든지 비교적 쉽게 참가할 수 있도록 했다. 또 제1차 심사는 전술한대로 주최자 측이 문제시하는 3가지 과제에 대해 설문형식으로 질문하기로 했다(주3). 그 회답내용에 따라 각 설계자가 주최자 측의 의도를 잘 파악하고 있는가를 판단하여, 그 후 제2차 심사에서 요구하는 설계제안 내용이 주최자 측 방침과 크게 벗어나지 않도록 하는 생각이었다.

2005년 12월 교토시 경관·도시계획센터 홈페이지에서 모집요강 및 참고자료의 배포를 시작했다. 제1차 심사제안서의 접수기간은 2005년 12월 16일~2006년 1월 20일까지였다. 그 결과, 홋카이도(北海道)에서 규슈(九州)까지 전국 81개 그룹의 설계자로부터 제안서가 보내졌다. 그 후 제1차 심사의 심사의원회를 개최했다. 각각의 제안내용에 대해서 심사위원이 익명으로 채점하고, 그 득점을 합산하여, 먼저 81개 그룹 중에서 상위 25개 그룹을 선정하고, 그 후 다시 채점을 하여 최종적으로 다섯 그룹의 입상자를 결정했다.

《학습회와 워크숍 2006년 2월》

이번 설계공모전에는 또 하나의 특징이 있다. 제1차 심사를 통과한 설계자들을 소집하고, 제2차 심사에 들어가기 전에 학습회와 워크숍(사진 5, 6)을 한 것이다. 1회째는 2월 16일, 공모전 취지 설명회에 맞춰 열린 학습회이다. 먼저 제1차 심사통과자들을 표창하고, 제2차 심사를 위한 설계공모전의 취지 및 제2차 심사내용의 설명이었다. 그 후 교토의 전통산업에 관계하는 강사를 초청하여 교토 도심지역의 주거지·도시계획의 상황이나 여러 가지 제안, 기타야마스기(北山杉)산지의 현황, 전통산업의 현황 등에 대해 강의를 받고, 교토의 주거지·도시계획과의 연계방법에 대해서 의견

사진 5 학습회 장면

사진 6 워크숍 장면

을 교환했다. 2회째는 그 다음주 22일의 워크숍이었다. 이번에는 공모전 부지에 속하는 아와타각구(粟田学区)와 시내를 대표해서 혼노(本能)·메이린각구(明倫学区)의 주민들에게 참가를 의뢰했다. 먼저 다섯 그룹의 설계제안자가 제1차 심사의 프로포절 내용을 발표한 후, 참가자 전원이 워크숍형식으로 의견교환의 기회를 가졌다.

이번에는 제1차 심사설문과 똑같이 공모전 주최자의 의도를 얼마나 잘 전달하고, 주최자가 갖는 문제의식에 대해서 적절한 설계제안을 하는지에 특히 신경을 썼다. 교토의 현황 인식에 대해서 주최자 측과 큰 차이가 있으면, 아무리 설계능력이 높아도 주최자 측 의도에서 완전히 벗어난 제안이 나오지 않는다는 보장이 없다. 그것을 조금이라도 개선하기 위한 방안이다.

《제2차 심사 2006년 3월》

학습회와 워크숍을 마친 다섯 그룹의 설계자는 제2차 심사를 위한 설계제안 제작에 들어갔다. 구체적인 부지 데이터는 주어졌으나 설계조건에 대해서는 목조일 것과 분양주택으로 실현 가능할 것 외에는 제1차 심사를 고려하여 '미래의 도시 속 주거지 형태'를 각자 설정하고 제안할 것을 요

사진 7 공개심사위원회

구 받았다. 설계제안에 대해서는 A1패널 1장으로 정리하고 마감은 3월 17일로 전해졌다.

다섯 그룹의 설계자에 의한 설계제안은 무사히 갖춰졌다. 제2차 심사의 심사회는 2006년 3월 26일, 공개적으로 실시되었다(사진 7). 약 50명의 방청객이 모인 속에서 먼저 5개조의 설계제안자가 프레젠테이션을 하고, 이어서 질의문답 시간을 가졌다.

프레젠테이션 종료 후 심사위원의 제1차 투표. 각 심사위원이 5개조 중 각각 3개조를 투표하는 방법이다. 그 결과, 심사위원 6명의 과반수, 즉 4표 이상을 취득한 2개조로 좁혀졌다.

추가로 남은 2개조에게 질의문답을 반복하여 최종투표. 이번에는 각 심사위원이 둘 중 1개조를 선택하여 투표. 최종적으로 과반수의 지지를 받은 현대 교토도시형 주거연구회(대표 : 우오야시게노리(魚谷繁礼)가 우수상으로 선정됐다(사진 8).

《설계 · 건설 · 일반공개 2006년 4월 ~ 2007년 8월》

공개심사위원회 종료 후는 우수상으로 선정된 현대 교토도시형 주거연구회와 모델하우스 사업주인 겐토주택판매(주)와의 협정 · 조정으로 상세

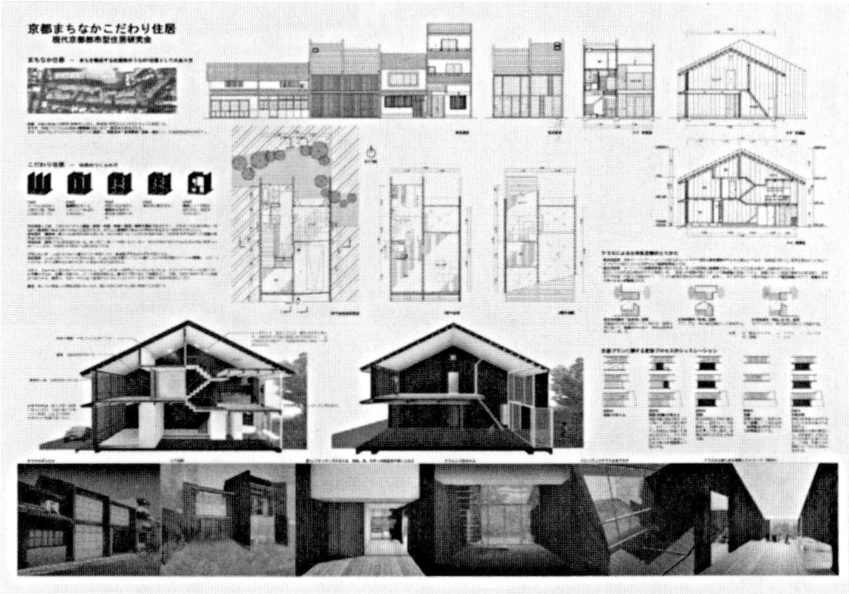

사진 8 우수작품(현대 교토도시형 주거연구회)

설계가 작성되고 모델하우스의 건설이 진행되었다.

설계기간을 거쳐 8월 말에는 심사위원에게 설계완료와 경위보고・의견 교환회가 열렸다. 9월에는 확인제증의 수령, 다음 10월에 착공하였고 12월에는 상량식 행사 후 견학회와 설계자의 구조설명회(사진 9)도 행해졌다. 공사는 그 후 순조롭게 진행되어 2007년 4월 '교토 도시 속 복합건물' 모델하우스가 사용승인되었다.

사용승인 후 공모전 관계자와 피로연과 사용승인식을 하고, 사용승인식 다음날인 4월 19일부터 모델하우스는 일반에게 공개되었다. 당초 공개기간은 7월 15일까지였으나 기간 중에 평가가 높아 8월말까지로 연장되었다. 일반공개 기간 중 모델하우스는 일반견학자만이 아닌 건축 관계의 여러 단체(주4) 등 많은 방문객이 찾았다. 또 그 기간 중에는 다양한 행사도 열렸다. 공사에 관여한 교토의 제재소나 전통산업의 장인 등을 둘러싼 수

사진 9 상량견학 및 구조설명회

사진 10 모델하우스에서 행해진 공개좌담회

차례에 걸친 공개좌담회(사진 10)도 그 중 하나다. 또한 설계공모전 제2차 심사에 참가한 나머지 네 그룹의 설계제안자를 지역으로 초대한 의견교환회도 열렸다. 네 그룹의 설계자들부터 모델하우스의 평가나 느낀 점, 공모전에 참가한 감상 등의 솔직한 의견이 나오고, 설계자부터도 설계 시나 현장에서 고생한 점 등의 이야기가 나오는 등 의의 있는 의견교환회가 되었다.

그리고 8월 31일, 약 3개월 반에 걸친 일반 공개기간을 종료하고 모델하우스로의 역할을 마쳤다.

◆자금수지계획

이번 모델하우스의 실현에 관해서는 설계제안자와 사업주와의 개별협의에 위임되어 사업채산(採算) 면에서도 공개되지 않았다. 그러나 사업자 측에 따르면, 분양주택 정도의 예산한도 내에서 지출한다는 당초 목표액보다 예산이 더 들었다고 한다. 가장 큰 요인으로 아래의 두 가지를 들 수 있다.

① 집성패널을 사용한 공법(사진 11)으로 새로운 시스템 제안이 이루어졌으나, 확인신청 시의 부분적인 설계변경도 있어서 현 단계에서는 주거지계획의 특수한 사례가 되었다.

사진 11 현장에 세워진 집성패널

사진 12 전통산업의 하나인 구로타니와시(黒谷和紙)역자주[21]를 붙이는 형태

② 교토의 특산재료나 전통산업품을 건재로 많이 이용(사진 12)했으나, 건축용재로 사용하는 것은 새로운 시도로 비용이 들었다.

단, 어느 쪽이든 앞으로 반복 사용함으로써 조금씩 보급될 것으로 생각된다. 새로운 공법이든 전통산업의 이용이든, 이번과 같은 시도를 계속하여 세련되게 만드는 것이 중요하다.

◆법 제도와의 적응

설계과정 속에서 조금 언급했으나 설계완료 시에 심사위원에게 설계완료와 그 경위보고・의견교환회가 열렸다. 이 공모전에서는 설계・건설 단계에서 변경이 이루어질 경우 특별하게 심사위원회의 허가를 얻을 필요는 없으나, 공모전에서의 평가 포인트에 관계된 부분에 약간의 변경이 나왔기 때문에 사업자 측으로부터 심사위원회에게 보고하고, 심사위원 전원의 의견을 최종 확인하여 개최한다.

현대 교토도시형 주거연구회의 설계제안에서는 협소한 교토 시내 부지

21) 교토(京都)부 아야베(綾部)시 북부와 마이즈루(舞鶴)시 경계에 위치하는 구로타니(黒谷)촌에 전해지는 일본 전통의 종이

에서의 공사를 상정하고, 종래의 재래공법이 아닌 집성패널을 부지 내부부터 세우는 공법을 사용하여 부지 경계선까지 꽉 차게 세운다는 안을 채용했다. 그러나 확인신청 단계에서 교토시 건축지도과와 견해차이가 나타났다. 협의 결과, 구조상 재래공법으로 변경하고, 의장(意匠)상 가능한 한 당초 제안에 맞도록 심사숙고하는 방향으로 결론이 났다. 그 변경에 관해서는 심사위원으로부터 특별한 이견은 없었다.

이번에는 부분적으로 설계 변경하는 형식을 취했으나 타협적인 인상은 지울 수 없다. 제안된 공법에는 성능적으로 뛰어난 점이 많아 계속해서 합법적으로 채용할 수 있는 방법을 검토하는 것이 앞으로의 과제다.

◆설계공모전계획 면의 특징

이번 설계공모전계획 면의 특징은 다양한 수단으로 주최자 측의 생각을 설계공모전 참가자들에게 전하려고 시도한 점이다.

제1차 심사에서는 설문을 구체적인 것으로 만듦으로써 주최자 측이 문제시하는 과제를 참가자들에게 전했다. 그것은 공모전 참가자 중에서 주최자 측 생각을 보다 잘 파악한 안을 판별하는 데 도움이 되었다.

또 하나는 최종심사 전의 학습회나 워크숍 개최이다. 설계공모전의 취지설명이나 프레젠테이션 이외의 목적으로 공모전 참가자를 모으는 것은 드문 일이다. 공모전 참가자들에게 공통의 정보를 주어 주최자 측의 바람에서 크게 벗어난 안이 나오지 않도록 컨트롤을 시도했다.

어느 쪽이든 설계자 측에서 보면 강한 족쇄가 된다. 설계자의 자유로운 발상을 억누를 가능성이 높다는 사실도 염두에 두고 검토할 필요가 있을 것이다.

◆설계공모전 실시 면의 특징

설계공모전 실시의 특징은 운영 측의 정보교환 밀도가 짙었던 부분이

사진 13 건축기획소위원회 주최의 모델하우스 견학회

다. 공모전 준비단계부터 운영위원끼리는 메일리스트를 이용하여 항상 의견을 교환했다. 운영위원이 모여서 협의를 할 경우도 있었지만, 일이 터지면 바로 대응하지 못하는 경우가 많다. 이 설계공모전은 준비기간이 짧고, 구체적인 내용검토는 설계공모전 모집이 시작하고도 계속되었다. 무언가 새로운 문제가 발생하면 바로 메일리스트로 정보를 공유하고, 시간이 없을 때는 메일리스트상에서 협의한다고 하는 신속함이 이 공모전의 일면을 지탱했다고 할 수 있다. 이 운영위원의 메일리스트로 주고받은 메일의 양은 최종적으로 400통이 넘었다.

◆기획으로서의 평가 · 전망

설계공모전은 건축기획 내용을 정리하는 수단으로 자주 이용된다. 단, 이 방법은 실로 다양하다. 콘셉트 아이디어를 겨루는 프로포절 방식부터 설계조건이 주어지고 디자인을 겨루는 것까지, 주어진 과제도 제출물도 굉장히 폭넓다. 반대로 굉장히 다양한 건축기획에 대한 툴이라고도 할 수 있다.

'교토 도시 속 복합건물' 설계공모전은 교토의 주거지와 도시계획이 갖는 과제에 대한 구체적인 회답을 요구한다고 하는 의미가 강하다. 그런 의미로는 막연하게 아이디어를 요구하기보다는 비교적 방향성이 뚜렷했던 공모전이었다고 할 수 있다. 그렇기 때문에 제1차 심사에서의 설문이나 학습회·워크숍에 의해서 어느 정도 참가자를 컨트롤하고 방향성을 좁힌 방법은 성공적이었다고 생각해도 좋다.

단, 그것은 일반적으로 교토의 주거지와 도시계획이라는 테마에 대해서 나아가야 할 방향성이 명확하다는 것을 나타내고 있는 것은 물론 아니다. 그러나 이 '교토 도시 속 복합건물' 설계공모전을 실시해서 얻은 여러 지견에 대해서는 후속하는 주거지나 도시계획에 관한 과제에 대해서 새로운 힌트를 줄 것이 틀림없다.

주 1 도시거주추진연구회
연구회는 약 15명의 임원을 중심으로, 부동산 · 건축관계자, 교직자, 행정관계자 등의 회원으로 구성되어 있다.

2 교토시 경관 · 도시계획센터
경관법 규정으로 경관정비기구로 지정되어 교토시와 연계하여 다양한 시책에 몰입하고 있다. 그 중에서도 교쵸카(京町家)의 보전 · 재생 · 활용의 추진에 관해서는 교쵸카도시계획 펀드※라는 기금을 설립하여 교쵸카의 개수조성 등의 사업을 전개하고 있다.
(※ 교쵸카도시계획 펀드)
교쵸카의 보전 · 재생 · 활동을 추진하기 위한 기금으로 도쿠시카(篤志家)[역자주22)]부터의 기부를 계기로 2005년에 설립되었다. 교토나 교쵸카를 사랑하는 사람부터의 기부를 기금으로 모아서 교쵸카의 소유자나 거주자가 쵸카(町家)의 재생 · 복원 등에 필요한 개수공사에 대한 조성자금 지원 등의 사업을 진행하고 있다.

3 제1차 심사설문은 아래와 같다.
각각 A4용지 1장 이내로 정리할 것을 요구했다.
① 소자녀고령화시대의 교토 도시에 사는 라이프스타일과 그것을 감안한 도시 속 주거계획과 디자인의 형태에 대해서
② 주차장 · 안뜰 등 야외공간의 형태를 포함한 앞으로의 교토 도시속 경관형성을 배려한 주거방향에 대해서
③ 교토의 특산재료나 전통기술의 활용 등으로 지역경제면 및 환경면에서 순환형 사회구조에 공헌하는 도시속 거주의 형태에 대해서

4 건축관계 여러 단체의 하나로 건축기획소위원회에서도 모델하우스 견학회를 주최했다(사진 13).

22) 사회봉사 · 자선사업 등을 열심히 실행 · 지원하는 사람

A Column 나뭇잎을 팔아서 도시부흥

기다 아야코(木多彩子)

TV나 그 외에 미디어를 통해서 도쿠시마(德島)현 가츠우라(勝浦)군 가미카츠(上勝)마을의 '주식회사 이로도리[역자주23)]'와 요코이시(橫石)를 아는 사람은 많을 것이다. 농업으로 일하는 할머니의 행복한 미소와 진지한 눈빛으로 워드작업을 하는 형태라고 말하면 기억날지 모르겠다. 요코이시의 저서『그렇지, 나뭇잎을 팔자!』[(주1)]는 건축기획을 생각할 때 참고가 된다. 즉, '상자'가 아닌 '장면'을 만드는 기획력이며, '원조(援助)'도 '상자'도 아닌 '일'을 만듦으로써 자립을 촉진시킨다. 라고 적혀있다.

나뭇잎은 그 자체만으로는 나뭇잎이지만, 요정에 올리면 상품으로, 즉 요리사의 눈에 들어 꾸며지면 상품이 된다. 의욕을 갖고 계속 할 수 있는 일이 있으면 나이를 먹어도 건강과 장수가 따른다. 뭐라 해도 전혀 자연환경을 해치지 않고 만들어진 기획으로, 얇고 길게 지속할 수 있는 것이 매력적이다. 여기에는 현재 건축기획의 약점을 극복할 힌트가 숨겨져 있다고 생각된다.

주 1 요코이시토모지(橫石知二)『그렇지, 나뭇잎을 팔자!』 SoftBank Creative, 2007년

B Column 삼림환경과 목조건축을 지역에서 배우다-목장(木匠)학원

기다 아야코

1991년 기후(岐阜)현에서 시작한 목장학원은 원래 '나무'와 '산'에 대해서 배울 기회가 적은 대학의 건축교육에 문제의식을 가진 연구실이 모인 여름 합동세미나였다. 임업지 현장에서 학생 스스로가 잘라낸 간벌재를 '하가라시[역자주24)]'해서 이용하는 제작활동은 원래 나무를 키우는 삼림환경과 건축과의 관계에 대해서 나무의 생산이나 유통프로세스 등을 통해서 폭넓게 지역에서 배우는 것을 목적으로 하고 있다. 현재는 개최지가 전국 각지로 퍼져 각자가 독자적인 프로그램을 전개하고 있다.

---

23) 1. 채색, 색칠 2. 배색 3. 흥취의 뜻. 여기서는 회사이름

24) 개벌한 임목을 야외에 일정기간 쌓아두어 함수율을 단기간에 떨어트리는 목재건조법. ≒천연건조

구 가와카미(川上)중학교 교사를 전용한 목장학원 앞

목장학원 섬머스쿨에서의 제작형태

그들 모두, 그 활동을 받아들이는 자치단체나 삼림조합 등의 지역 협력과 제휴가 있어서 실현되고 있고, 한편으로 학생의 아이디어나 에너지를 지역을 위해 잘 살린다는 순환을 목표로 하고 있다. 학생들은 현장에서 배운 이론대로 되지 않는 나무와 씨름하면서 소재의 특성과 시공기술을 배우고 또한 산촌취락의 험한 현황을 알고 사람들의 따뜻함에 감사하고, 충실(充實)한 표정으로 산을 내려온다. 그 기억을 가슴에 담고 차세대를 짊어나가길 바라는 관계자의 뜻이 전해지고 있다고 기대하고 싶다. 결국, 앞으로의 건축교육을 생각하는 차원에서 중요한 시도 중 하나라고 할 수 있다.

C Column

건물의 환경성능을 평가하는 기준 – CASBEE

도코로 치카(所 千夏)

CASBEE란 Comprehensive Assessment System for Building Environmental Efficiency의 약어로 건축물의 환경성능을 평가하기 위한 기구이다. 세계적으로도 많은 관심을 가지며, 해외에서는 영국의 BREEAM, 미국의 LEED 등 많은 툴이 개발되어 있다. 일본에서는 2001년부터 독자 건축물환경평가 툴인 CASBEE-신축, 기존, 개수 등 주로 대규모 건축물 대상 툴로 개발운영을 시작했으나, 2007년에는 단독주택 대상으로 CASBEE-주거지의 최종평가기준도 공표되었다.

CASBEE는 건축물의 환경성능을 건축물 자체의 환경품질(Q)과 건축물이 외부에 주는 환경부담(L)의 2가지로 나눠서 평가하고, 환경성능 효율(BEE)=Q/L을 계산함으로써 건물의 격을 정한다. Q와 L의 구체적인 평가항목은 CASBEE의 툴에 따라 다르고, 각각 해당 건축물을 평가하기 쉬운 항목으로 구성되어 있다.

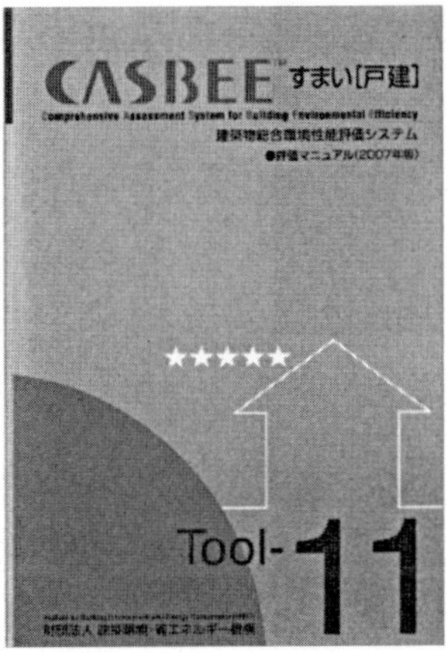

CASBEE는 건축물뿐만 아니라 CASBEE-도시계획이나 HI(Heat Island-열섬) 등 그 범위를 넓히고 있어 CASBEE-기획도 현재 개발중에 있다.

또 평가기준은 한번 발표되면 고정되는 것이 아니라 CASBEE-신축, 기존, 개수에 따라 개정을 거쳐 2008년판으로 발행된 것처럼, 어느 툴에도 라이프스타일의 변화나 사회환경 변화 등에 부응하여 앞으로도 정기적으로 개선될 전망이다.

D Column 주거의 다양한 환경기준

도코로 치카(所 千夏)

CASBEE-주거지(단독주택) 이외에 단독주택의 환경에 관한 시책 · 지표 등에는 다양한 기존 제도가 있다. 주된 제도에 대해서 CASBEE-주거지(단독주택)와의 관계를 나타내면 아래와 같다.

먼저, 주택성능표지제도(주택의 품질확보 촉진 등에 관한 법률)로 이것은 주택성능의 적정화를 측정하기 위해 주택성능의 다양한 항목에 대해서 공통의 룰과 기준을 정하여 성능을 평가하는 것이다. CASBEE-주거지(단독주택)의 평가항목 속에는 이 제도의 평가항목과 공통되는 것이 몇 가지가 있고, 그 평가기준은 이 제도의 기준에 따르고 있다.

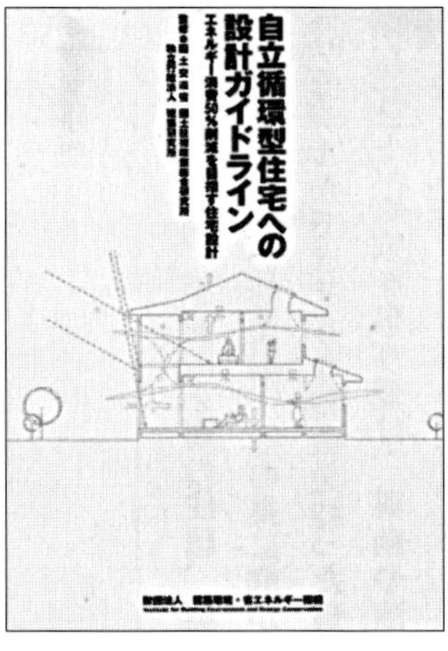

그리고 환경공생주택인정제도로 이것은 환경공생이라는 시점에서 이상적인 주택을 인정하는 제도이다. CASBEE-주거지(단독주택)는 어디까지나 공통의 룰을 기준으로 평가하는 툴로 명확하게 목표라인이 정해져 있지 않지만 환경공생주택은 어느 일정 이상의 주택을 평가 · 인정한다고 하는 스탠스(stance)이다.

마지막으로 자율순환형 주택 가이드라인으로 이것은 거주 시의 에너지 소비량(CO_2 배출량)을 50% 감소할 것을 주 목적으로 만들어진 가이드라인이다. CASBEE-주거지(단독주택)의 평가항목에는 그 가이드라인을 참조하는 항목도 있다.

3 재생 · 갱신 · 리모델링

사카다 히로이치(阪田弘一)

건축재고의 재생 프로젝트

직물로 유명한 교토 니시진(西陣)[역자주25)]에 오리야다테(織屋建て)[역자주26)]라는 형식의 직주 일체형 교마치야(京町家)가 있다. 앞에는 주거용, 안쪽에 큰 직물기를 설치해서 제작할 수 있도록 2개 층을 뚫은 바닥이 드러난 작업장이 있고, 그 뒤에 정원이 이어진다. 질이 다른 공간이 이어진다는 발상 자체가 다양한 리모델링을 가능하게 한 특징을 갖는 건물이다(사진 1). 이 프로젝트는 빈집이 된 채로 버려진 오리야다테의 교마치야를 빌려서 무도나 연극 스튜디오를 병설하는 무동무언(無動無言)의 난치병 환자 주거지로 리모델링하려고 하는 것이다.

수많은 난치병 속에서도 일상생활에 장해가 크고 의료적인 니즈(Needs)가 높은 병의 하나로 ALS(근위축성측삭경화증 - 루게릭병)가 있다. 현재 단

---

25) 오닌(應仁)의 난(1467~1477년까지의 11년간에 걸친 교토를 무대로 싸운 대란) 때의 서쪽 진영에서 유래. 호리가와이마데가와(堀川今出川)~센본이마데가와(千本今出川) 부근을 중심으로 그 주변을 말함. 헤이안(平安)시대(794년~1185/1192년경) 이전부터의 직물생산의 중심지

26) 오리야(織屋) - 직물 짜기를 직업으로 하는 집
다테(建て)-건물

사진 1 오리야다테의 교마치야 외관

사진 2 셀프빌드(Self Build)에 의한 개수모습

사진 3 완성된 내관

계에서 치료할 유효적인 방법이 없는 ALS는 운동신경세포의 파손으로 사지의 쇠약, 근육이 위축되어 발병 후 평균 3~5년 이내에 호흡근 마비로 인한 사망에 이르거나 인공호흡기 장착이 필요하다. 의사소통은 곤란해지지만 말기에 이르기까지 보통은 감각장애와 지능장애는 일어나지 않는다. ALS환자가 재택 치료생활을 선택했을 때, 의료나 개호(介護)제도의 한계로 환자 가족의 간호에 의지해야만 하는 현실이다. 그렇기 때문에 가족에게 폐를 끼치지 않고 자립하는 생활을 바라는 환자도 적지 않다. 프로젝트는 이전에 교토에서 정체사(整體師)[역자주27)]를 생업으로 하다가 현재는 24시간 완전 개호상태에 이른 환자가 입원생활에서 벗어나 좋아하던 교마치야에서 혼자 살고 싶다는 데서 출발했다. 장기간에 걸친 치료생활로 자기 자금은 굉장히 부족했지만 인맥은 많았다. 예전 환자로 정체(整體)하다 알게 된 무용과 연극관계자이다. 지금은 그들이 반대로 도우미가 되어 환자의 수발을 들어주고 있다.

필자는 연이 있어 환자 및 도우미들이 건물에 필요로 하는 니즈조사, 물건 찾기, 개수(改修)설계, 그리고 건축계 학생이나 도우미와 같은 아마

27) 골격을 교정하여 근육이나 내장의 균형을 잡아주는 전문가

추어에 의한 셀프빌드(Self Build)의 시공・감리 등을 맡고 있다. 먼저 물건 찾기부터 암초에 걸렸다. 임차인이 불특정이어서 부동산업자로부터는 소개를 거절당해 왔다. 결국 영리목적이 아닌 교마치야를 소중하게 사용해 줄 임차인과 사용해 주길 원하는 소유자를 중개하는 교마치야 클럽이라는 조직의 도움으로, 임대임에도 불구하고 자유롭게 개수해도 좋다는 좋은 조건의 물건과 만났다. 또 교토시 경관도시계획센터라고 하는 행정의 도시계획 지원조직이 실시하는 교마치야의 경관보전・재생에 기여하는 공사에 대한 조성제도도 활용할 수 있게 되었다. 사회학 연구자들은 장애인 지원제도 설계의 재검토를 목적으로 환자의 24시간 완전 개호환경의 정비에 분주했다. 무도가나 예술계 연구자는 시설운영을 안정시키기 위해 예술계 이벤트만이 아닌 도우미 양성 강습회 등 다각적인 스튜디오 이용 프로그램을 짰다. 그리고 시설은 주택개수로는 이례적인 반 년 이상의 시공기간을 거쳐 드디어 문을 열었다(사진 3).

특수한 사례지만

- 장애인의 자립적인 생활 창출
- 새로운 거주 + 케어(Care)환경 창출
- 가족 이외의 세대, 분야, 동기가 다른 사람과의 만남(Social Mix)의 기회
- 적은 자금으로 개업
- 새로운 용도로 전향 가능한 공간을 갖는 건축재고의 존재
- 새로운 부동산 유통형태
- 건물, 도시에 대한 애착심 창출, 육성
- 거주자나 사용자에 의한 건축재고의 자립적 재생
- 리모델링에 의한 설계경영
- 사회적 의도를 갖는 시설활용 프로그램

이라고 하는 다양한 가능성이 이 건축재생을 통해서 발견되었다. 이것들은 건물의 재생・갱신・리모델링이 만들어낼 수 있는 가치의 일부임과 동시에 앞으로의 건축기획에 요구되는 과제로도 받아들여진다.

재생 · 갱신 · 리모델링이란

재생은 다시 살리는 것, 갱신은 연명 또는 지속시키는 것, 그리고 리모델링은 새로운 용도나 스타일의 제안도 포함한 개량이라고 할 수 있다. 각각의 어휘는 미묘하게 다르지만, 그 전제는 공통되어 수명이 다한, 또는 다해가는 것이 가지고 있던 어떤 요소를 살려내기 위한 기획의 목표를 달성하고자 하는 수단이라 할 수 있다. 건축에서 구체적인 수단이란 복원, 보존, 전부 또는 일부의 개축을 가리키는 개수, 증축, 재배치, 감축 등을 들 수 있다. 아래에서는 이들의 수단을 통틀어서 재생이라 부르도록 한다.

그렇다면 건축의 수명이란 어떻게 정하는 것일까? 다츠미 가즈오(巽和夫)(주1) 등은 건축의 수명을 구조적 수명, 설비적 수명, 기능적 수명, 디자인적 수명, 경제적 수명, 세법상의 수명, 임대료 산정을 위한 수명, 사회적 수명, 문화적 수명의 9가지로 분류하고 있다. 그 중에서도 건축에서 치명적인 것은 구조적 수명이라 할 수 있으나, 현재의 기술력이라면 이 수명마저 극복이 가능하다. 결론적으로는 재생이 안 되는 건축은 없으며 수명은 어떤 가치기준을 전제로 한 잠정적인 판단에 불과하다.

재생이 창출하는 가치

여기에서 건축의 재생에 의해서 창출되는 가치란 무엇인가, 다양한 측면에서 그 전체형태를 보도록 하자.

1. 지구환경적 가치

현대에 있어서 재생이 창출하는 가치라고 하면, 먼저 지구환경에 대한 부담의 감소일 것이다. 지구규모로 환경문제가 심각해지는 가운데 건축물의 생산에서 폐기까지의 에너지나 건축자재 등의 자원 대량소비, CO_2의 대량발생 등은 용서할 수 없는 사태이다. 한편, 성숙화 단계에 돌입한 일본에서는 사회적으로는 저출산 고령사회나 라이프스타일의 다양화, 경제적으로는 글로벌화라고 하는 상황이 진행하고 있어서 대량의 건축재고가 방치된 채로 버려져 있다. 건축이 장기에 걸쳐서 환경에 다양한 영향을 미치는 사회적 존재인 한 그 영향을 고려하여 부담을 감소시키는 것은 건축기획자가 해야 할 사회적 책임인 것이다. 그런 의미에서 건축재고의 재생은 앞으로 신규건물을 건축할 때 기준이 된다.

2. 디자인적 가치

신·구 공간의 뛰어난 대비, 기존 공간에 대한 새로운 이용가치나 미적 가치의 발견이라는 매력 만들기는 건축가 그리고 건축기획자의 실력이 돋보이는 부분이다. 신축에는 없는 그 공간적 매력이 고객을 모으는 힘의 원천이 된다. 역사적 건축물이 아니더라도 신축에는 없는 기존 건물이라고 하는 여건은 새로운 창조의 가능성을 넓혀 줄 것이다.

건물의 재생을 동반하는 지속적인 유효이용으로 긴 역사를 갖는 이태리 등 유럽에서는 역사(驛舍)를 개축, 재생한 오르세(Orsay)미술관(사진 4)이나 발전소를 바꾼 테이트갤러리(Tate Gallery) 신관, 자동차공장을 바꾼 복합문화시설 링고토(Lingotto) 등 기존 건물에서는 상상할 수 없는 용도로 공간특성을 살려서 도입되어 매력적인 뛰어난 재생건축이 수많이 실현되고 있다. 최근에는 일본에서도 획기적인 재생건축 사례를 볼 수 있게 되었다. 요시다테츠로(吉田鉄郎)가 설계한 역사적인 건물인 구 교토중앙전화국(1923년 사용승인·교토시 등록 문화재 제1호)을 증축해서 만들어진 상업시설 신푸칸(新風館)은 풍미 있는 RC(Reinforced Concrete)구조의 타일이 깔린 기존 동과 철골구조에 의한 샤프한 모던디자인의 증축부가 훌륭한 대비를 이루고 있다(사진 5). 사실, 이 시설은 10년간의 잠정이용 기획으로 탄생한 것으로, 장래에는 증축부를 간단하게 철거하는 것까지 고려한 구조인 것이다. 곧 10년이 되는 지금도 많은 사람으로 활기가 넘친다(사진 6). 설계는 영국의 저명한 건축가 리차드 로저스(Richard Rodgers)로 그의 대표작인 퐁피두센터(Pompidou Centre)도 신축이면서, 설비의 유

사진 4　역사(驛舍)공간을 살린 다이내믹한 내부

사진 5　신·구 건물의 대비가 눈에 띄는 신푸칸의 외관

사진 6　번화로운 신푸칸의 안뜰

지보수(maintenance)의 편함을 공간디자인으로까지 승화시킨 뛰어난 건축이었다.

또 우리들 기억에 오래 남는 건축이나 풍경은 사람들이 계속 사용함으로써 유지된다. 예를 들면 교마치야의 매력은 일찍부터 유명했다. 그 건축의장(意匠)이나 그들이 모여서 형성하는 거리풍경은 전술한 것처럼 행정에서 보존·재생을 지원하고 적극적인 계승이 시도되고 있다. 한국에서도 전통가옥인 한옥형식을 답습하여 근대 도심지역에 무수히 건설된 도시형 한옥이 최근 각광을 받고 있다(사진 7). 재생에 대한 행정의 조성제도도 도입되어 주택 이외에도 다양한 용도전환에 의한 재생이 추진되고 있다.

다만, 신축보다도 재생 쪽이 시간과 수고, 경험이 대체로 많이 필요한 업무이다. 일반적으로 유럽 건축가의 설계비용은 신축보다 기존 건물을 살린 재생이 더 비싸며, 그것은 발주자가 재생에 높은 가치를 두는 경향이 있다는 것이다. 일본에서도 이러한 재생업무에 대한 정당한 보수가 확립되어야 하며, 나아가서는 시대 흐름에 맞춰 재고문화로의 전환이 목표가 되어야 할 것이다.

3. 경제적 가치

기존 건물을 재이용하는 것이 비용 삭감과 바로 연결되는 것은 아니다. 원래 사업을 계속 할 수 없게 되었을 경우에 재생을 선택하는 것은 지속을 곤란하게 한 요인의 일부를 조건으로 받아들이는 것이기도 하다.

경제적인 관점에서 개축하느냐, 보수·개수하느냐라는 결단에 직면한 건물로는 고도성장기에 대량공급된 주택단지가 있다. 뒤의 사례4에서 소개하는 개축방법은 현재 일본에서 효과적인 단지재생 방법 중 하나이다. 용적률 상한까지 면적을 넓혀, 그것을 매각함으로써 보수나 개수보다도 싸게 지금까지보다 새롭고 풍요로운 주거공간을 주민에게 줄 수 있다. 주민에게는 비용대비 효과는 개축 쪽이 더 뛰어나다는 것이며, 사업에 관계

사진 7 재생된 한국의 도시형 한옥

된 기업에게는 짧은 기간에 이익회수 전망이 쉽다는 것이다. 토지이용의 고도화도 지속 가능한 관점에서 평가할 수 있다.

이와 대극되는 재생수법이 감축(減築)이다. 불필요해진 독점부분을 커뮤니티를 위한 공용공간(Public Space)이나 지역주민을 위한 상업용 공간(Commercial Space)으로 재이용하거나 제거해서 풍부한 내부공간이나 광장(Open Space)을 만든다. 해외에서는 구 동독의 라이네펠데(Leinefelde) 등 뛰어난 선행사례가 있다. 그러나 말할 것도 없이 감축의 최대 난관은 수익성의 저하이다. 라이네펠데의 성공은 공영주택으로, 사회주의의 붕괴로 정부조직의 일대 변혁 속에서 확고한 이념 아래 사업을 단행하는 수장이 나온 것이 큰 요인이다. 바닥면적의 감소로 얻을 수 있는 풍요로움을 평가하는 가치관 육성이나 사업을 뒷받침하는 법제도의 정비가 필요하며, 그것을 지지하는 것도 큰 의미로 앞으로의 건축기획의 역할일 것이다.

4. 사회가치

고령자 세대의 증가에 더불어 단독세대나 부부만 있는 세대, 홀어버이 세대, 친척이 없는 세대 등의 증가, 또는 프리커(Freeker)[역자주28)]족이나 파견

사원, 외국인 노동자의 증가 등에 상징되는 가족유형이나 취업유형의 다양화가 진행되고 있다. 그 다양성을 지지하기 위한 케어(Care)환경 만들기의 필요성, 다양화 반작용이라고도 말할 수 있는 안심・안전성에 대한 의식의 고조를 배경으로 한 새로운 커뮤니티의 필요성 등 사회의 다양화에 대응하기 위한 환경 만들기에는 여러 과제가 있다. 거기에는 다양한 요구에 대응하는 건축 수요도 잠재한다. 그래서 용도전환을 포함한 건축재고의 재생이 이루는 역할은 크고 그것을 지지하는 탄력적 발상을 갖는 건축기획의 필요성도 시사하고 있다.

지역밀착의 케어환경 건축을 지향하고 소수의 고령자에게 왕래나 숙박, 방문 등 이미 정한 서비스에 구속 받지 않고 필요에 부응한 서비스를 제공하는 소규모 다기능시설(사진 8, 9)이 최근에 제도화되었다. 도시의 작은 건축재고의 재생과 연관지어 지역에 뿌리내린 케어의 거점으로서 전국으로 퍼져가고 있다. 또 케어를 통한 새로운 지역 커뮤니티의 창출이나 취업기회의 확대 등 건축기획이 이루는 사회적 역할의 실천 예로서 앞으로의 전개에 기대하고 싶다.

또 앞에 기술한 교마치야(京町家)나 도시형 한옥 등의 재고는 비교적 유복한 층이 사는 건물이었으나, 전전・전후에 대량으로 공급된 목조 임대아파트의 연립주택이나 공동아파트 등의 매력이 그런 곳에서 자란 적이 없는 젊은 세대들에 의해 새로이 모색하는 움직임이 보인다. 오사카 도심에 가까운 나카자키쵸(中崎町)는 전쟁 재해를 면하여 옛날 그대로의 서민생활의 운치가 담겨있는 거리풍경 속에 연립주택이나 공동아파트, 창고를 재생한 다양한 숍, 예술가의 아틀리에(Atelier)가 존재하는 지역으로 최근 주목을 모으고 있다(사진 10, 11). 청년인구의 유출이나 주민의 고령화가 진행되어 빈집이 증가하고 도로가 좁아서 쉽게 재건축을 할 수 없는 상황까지 겹쳐져서, 옛날 형태를 유지하는 건축재고가 개수공사를 자유롭게

28) Free+worker

사진 8 대상인의 교마치야를 재생한 소규모 다기능 시설의 외부

사진 9 기존건물의 매력을 살린 시설의 내관 기능시설의 내부

사진 10, 11 도심에 남은 운치 있는 거리풍경

사진 12, 13 목조 임대 연립주택을 재생한 숍이나 카페

할 수 있는 싸고 좋은 조건으로 임대되기 시작했다. 그것을 젊은 세대가 손수 만드는 형식으로 재생하여 주거지 이외에도 음식점이나 잡화점, 갤러리 등의 다종다양한 용도로 전환하고 있다(사진 12, 13). 이러한 일에 종사하는 사람들이 여성이 많다는 것도 특징이다. 자본은 적어도 취미의 연장선상에서 조그마하게 개업하고 지역 주민과도 교류를 늘리고 차분하게 일종의 사회적 통합(Social Mix)을 형성하면서 장사를 해나가는 형태의 장소가 되고 있다. 한편으로 새로운 도시의 매력이 주목을 받기 시작하면 자본이 들어오게 된다. 뉴욕의 소호(Soho)지구에 현저했던 것처럼 젊은 아티스트들이 싼값으로 넓은 주거지나 아틀리에로 찾은 창고가 이윽고 택지개발업자(Developer)에게 흡수·개수되어 고객을 끌어들인다. 그러나 집세나 건축재고와 토지의 급등화를 가져오게 되면서 정작 도시의 매력을 창출한 아티스트들은 살기가 곤란해지고 주택고급화(Gentrification) 현상이 일면서 이러한 지역을 삼키지 않는다는 보장은 없다. 단기 채산성을 중시하는 사업기획이 지속적인 도시계획에 끼치는 영향에 대해 건축기획자는 자각하지 않으면 안 될 것이다.

이상으로 건축의 재생이 창출하는 가치를 훑어보았으나, 이러한 가치에 눈을 돌려서 건물을 계속 사용해 나가는 방책이나 재생이라는 수법 자체에도 때로는 의문을 가지고 건축의 폐기나 기업 자체의 동결·폐지라고 하는 판단도 마다하지 않는 사회적 존재로서의 건축기획의 직업능력이 확립되어지기를 희망한다.

주 1 다츠미 가즈오 · 가시와라 시로오 · 후루사카슈조 편 『진화하는 건축보전』 가쿠게이출판사, 2002년

뉴타운의 새로운 가치를 모색

사카다 히로이치(阪田弘一)

◆개요

여기서는 일본 최초의 대규모 뉴타운인 센리뉴타운에 들어선 맨션인 후카야 제2주택의 재건축 프로그램을 소개한다. 1960년에 인구 15만 명을 목표로 개발을 시작한 센리뉴타운은 영국의 근린주구(近隣住區-Neighborhood Unit) 이론을 채용한 선구적인 대규모 주택지 개발 모델이며 당시에는 최첨단 도시였다. 이 새로운 도시에서의 생활을 많은 젊은 세대가 동경하여 입주했다. 인구가 안정되고 성숙기에 들어선 현재에 이르기까지 오사카의 부도심으로서의 역할을 계속 이어가고 있다. 여유롭게 확보된 외부공간이나 도로변에는 풍성하게 나무들이 심어져 있고 오사카에서도 볼 수 없을 정도의 자연환경에 축복받은 주택지를 실현하고 있다. 그러나 도시가 성숙해짐에 따라 주민은 나이를 먹고 주민의 자녀들은 독립해서 도시를 떠났다. 이러한 변화는 학교의 통폐합이 진행되는 등 지역시설의 변화에도 나타난다.

1968년에 오사카부 주택공급공사에 의해 분양된 후카야 제2주택은 RC(Reinforced Concrete-철근콘크리트)구조의 4층 건물 7동으로 구성되었다. 입주세대 수는 120세대이며 부지면적은 약 10,600m²이고 최첨단 도시에 알맞게 세대당 전용면적은 약 60m²로 당시로서는 충분히 넓은 것이

건물 데이터

명　칭 : 지오메종(Geo Maison) 신센리(新千里) 히가시마치(東町)
소재지 : 오사카부 도요나카(豊中)시 신센리 히가시마치2
설계자 : 주식회사 다케나카(竹中)공무점
주용도 : 공동주택
규　모 : 층수/철근콘크리트구조 지상 15층, 동수/4동, 총 세대 수/218세대
사업자 : 한큐(阪急)전철 주식회사, 수미토모(住友)상사 주식회사
사용승인 : 2003년

사진 1　재건축 전의 후카야 제2주택

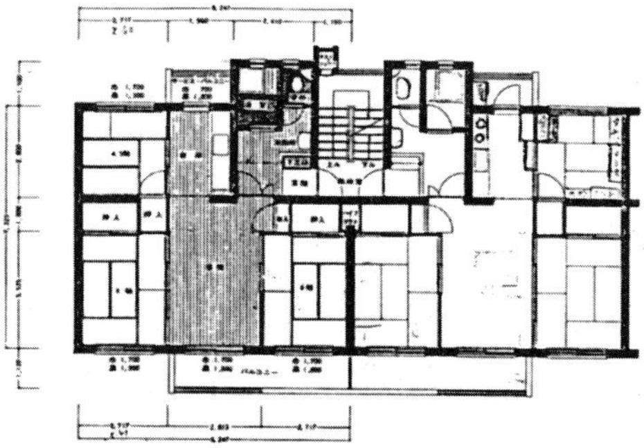

평면도 3LK역자주29)

평면 겨냥도

그림 1　재건축 전의 구도

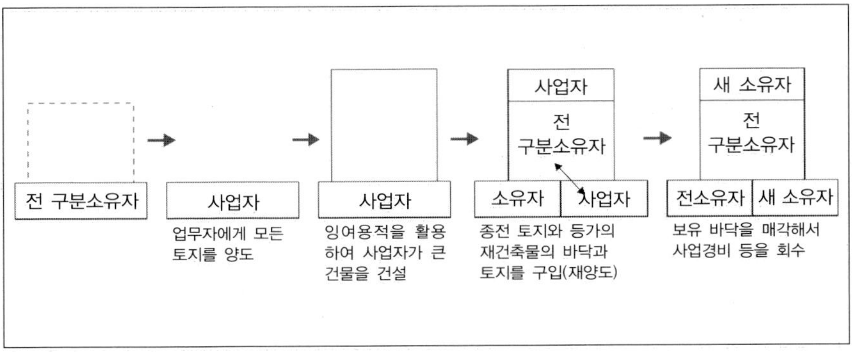

그림 2 등가교환방식의 기본적인 구조

었다. 물론 분양가격도 1층 · 4층이 약 310만 엔, 2층 · 3층이 약 330만 엔으로 굉장히 높은 금액이었으나, 젊은 세대가 무리해서 손에 넣은 꿈의 주거지가 약 20년을 거쳐 요즘 시대의 생활에는 대응하지 못할 정도로 낡고 좁고 더러워져서 특히 엘리베이터가 없는 건물은 고령화한 주민에게 큰 문제가 되었다(사진 1, 그림 1).

◆건축기획의 테마

재건축을 위한 자금조달 수단으로 선택된 등가교환방식(그림 2)은 맨션의 구분소유자가 제공하는 토지와 택지개발업자(Developer) 등이 제공하는 건물을 등가로 교환하는 것이다. 각자 출자액에 걸맞은 토지와 건물을 소유하게 되고, 구분소유자는 건설사업비를 부담하지 않고 택지개발자는 토지취득에 관한 부담을 줄일 수 있다는 점이 큰 가치로 부각된다. 구체적으로는 ① 구분소유자가 토지를 제공하고 거기에 택지개발업자가 건물을 건설한다. ② 토지와 건물을 등가로 교환하고 ③ 택지개발업자는 등가교환

29) 일본의 집의 규모를 나타내는 형식. 앞에 오는 숫자는 방의 수를 나타내고, L은 Living Room(거실), K는 Kitchen(주방)을 나타낸다. 그 외에 Dining Room(식당)을 뜻하는 D도 있다.

표 1　등가교환방식의 토지 평가액 산출방법

<table>
<tr><th>계산의 전제조건</th><th>산출방법</th></tr>
<tr><td>• 부지면적 : 8,000m^2</td><td rowspan="2">• 총 사업비와 택지개발업자의 총 이익에서 필요 매상액을 계산 : 38.4억 엔÷0.8=48억 엔</td></tr>
<tr><td>• 종전 : 90세대(89m^2/세대당)</td></tr>
<tr><td>• 용적률 : 200%</td><td rowspan="2">• 택지개발업자가 필요한 판매 바닥면적의 계산 : 48억 엔÷55만 엔/m^2=8,727m^2</td></tr>
<tr><td>• 주거 전용면적 합계(설계에 의함) : 15,000m^2</td></tr>
<tr><td rowspan="2">• 총 사업비 : 38.4억 엔
(신축 · 해체공사비, 설계 · 감리비, 개발부담금 등을 포함)=부지면적×200%×20만 엔/m^2×1.2로 가정</td><td>• 구분소유자가 취득하는 환원 바닥면적의 결정 : (15,000m^2－8,727m^2)÷90세대=63.7m^2</td></tr>
<tr><td>• 토지 평가액의 계산 : (15,000－8,727) : 8,727 =토지 평가액 : 38.4억 엔</td></tr>
<tr><td>• 맨션 판매가격 : @55만 엔/m^2</td><td rowspan="2">• 토지 평가액 :
=27.6억 엔(3,067만 엔/세대당, 34.5만 엔/m^2)</td></tr>
<tr><td>• 택지개발업자(Developer) 총 이익률 : 20%</td></tr>
</table>

후의 토지가 달린 건물을 판매해서 이익을 얻게 된다. 그림 2에서는 환원면적을 산출하기 위해 먼저 토지평가가 필요하다고 생각되지만 실제로는 건축사업비와 맨션 판매가격에서 환원면적이 정해지고 최종적으로 토지평가 액이 산출된다(일반적으로 수익환원법이라고 한다). 산출법을 표1에 표시한다. 또한 등가교환으로 정해진 환원면적보다 넓은(좁은) 집을 고르는 경우 구분소유자가 교환차액을 지불(환불)함으로써 대처할 수 있고 가족 구성이 변해도 익숙해진 토지에서 각자의 희망에 따라 집을 얻을 수 있다는 점도 가치 있다.

◆콘셉트

해당 프로젝트에서는 구분소유자가 재건축사업을 추진함에 있어서 품어온 콘셉트가 있다.

구분소유자로 구성된 재건축추진위원회가 집착한 콘셉트는 전원합의에 의한 맨션 재건축이다. 그 배경에는 해당 주택 근처에 위치하는, 같은 오사카부 주택공사에 의한 S주택의 재건축에 관한 주민간의 좋지 않는 트러

블이 있다. 후쿠야 제2주택보다 몇 년 빠르게 재건축추진위원회를 설립하고 검토에 착수한 S주택에서는 당 프로젝트와 같은 등가교환방식에 의해서 복수의 택지개발자로부터 사업안을 요구하는 등 순조롭게 진행되고 있었다. 그러나 그 재건축계획은 재건축 추진파와 반대파의 충돌에 의해 재건축 결의 유효성을 둘러싼 싸움이 최고재판소까지 가게 되었다. 거기서 후쿠야 제2주택의 재건축에서는 많은 시간과 수고를 들여서라도 전원합의를 목표로 사람들과의 교류를 중요시하여 구분소유자와 임대거주자를 합친 전원이 정보를 공유하고 또 주민 개개인의 희망도 받아들일 것을 대전제로 한 것이다.

전원합의라는 목표하에 주민 전원에게 재건축에 관한 설문조사가 재건축추진위원회에 의해 실시되고 재건축 이미지가 자리 잡아 나갔다. 최종적인 콘셉트로는 시간경과에 버틸 수 있는 계획일 것. 구체적으로는 환원면적은 80m²가 기준, 외관보다는 건물의 내구성, 설비교체의 용이, 무장애공간(Barrier Free)의 대응, 엘리베이터의 각층 정차 등의 요망이 정리되어, 이후에 실시되는 프로포절 공모전(Proposal Competition-제안형식의 현상설계) 시에 응모하는 각 사업자에게 보여지게 된다.

◆경위

1990년에 건물의 노후화 대책을 검토하는 리프레시(Refresh) 검토위원회가 구분소유자에 의해 설립되고, 설문조사를 구분소유자에게 실시하여 재건축을 목표로 하게 된다. 1992년에 버블붕괴로 재건축의 전제조건이 크게 바뀌었기 때문에 지금까지의 검토를 일시 중단한다. 1993년에 언젠가는 경기가 회복되고 건설비 등도 상승할 것을 염두에 두어 검토를 재개한다. 1994년에는 리프레시 검토위원회에서 재건축을 전제로 하는 재건축추진위원회로 명칭을 변경하고 프로포절 공모전을 실시하였으며, 1995년에 택지개발업자, 종합건설업자(General Contractor)를 선출하여 2001년에 계약서 체결, 해체공사 착공, 2003년에 사용승인, 재입주를 하게 되었다. 여기에 이르기까지 총 14년, 버블붕괴, 한신(阪神)・아와지(淡路)대지진, 인근 맨션의 재건축 소송 등을 경험하고, 재입주를 이루기 전인 임시 이전 중에 돌아가신 분도 3명 있는 등 구분소유자에게는 일대 사업이었다.

◆자금수지계획

당초, 맨션의 노후화 대책을 검토하기 위해 관리조직 중에서 건물 리프레시위원회라는 명칭의 위원회가 뽑힌 것은 수선, 개수, 재건축 중에서 목표를 하나로 정하지 않고 여러 가능성을 검토하자는 취지에서이다. 이를 시작으로, 고용부분에 한정해서 위원회가 추정한 결과 외벽 등의 도장공사비, 옥상 등의 방수공사비, 급수 및 배수관 개수공사비, 가스관 교체공사비, 양수기 교체공사비 합계가 약 1억 9천만 엔, 세대당 부담금이 약 160만 엔에 달했다. 당초의 적립금 총액은 9천만 엔 정도로, 이것으로는 적립금 증액이나 공사비 임시 징수를 하지 않으면 안 되며, 게다가 주민은 개개인의 주거 전용부분의 보수비용도 별도로 부담하게 된다. 그 결과에 놀란 위원회는 각 방법에 드는 공사비를 시산(試算)・비교하게 되었다.

그 후의 시산으로 '수선'만 하고 현상 그대로 산다고 가정하면, 세대당 330~500만 엔의 보수비가 필요하다. '수선+증축'을 선택한 경우는 '8죠(畳)역자주30)+붙박이장' 정도의 증축으로 보수비에 더해져서 세대당 500만 엔 이상 필요하다. 또 구조체나 설비의 노후화 정도, 부지조건 등에 따라 각 세대에서 수선이나 증축에 드는 비용이 좌우되기 때문에 실제 부담금을 추정하기 어렵다는 것도 알았다.

'재건축'의 시산은 인근에서 채용되었던 등가교환방식을 상정했다. 그렇

30) 다다미(일본 전통의 바닥재) 한 장을 기준으로 평수를 나타내는 단위. 크기는 장당 913mm×1,820mm

게 하자 당시는 토지나 맨션가격이 오르고 있어서 새로운 자기자금 없이도 현재 주거 전용면적이 60m²밖에 없는 곳에 환원면적이 약 90m²의 맨션이 새워졌다. 경기 변동이나 도요나카(豊中)시의 용적규제로 인해 환원면적의 감소 가능성을 검토할 필요는 있지만, 압도적으로 부담금이 적고 새로운 주거를 얻을 수 있는 등가교환방식에 의한 '재건축' 방침이 굳어진 것이다.

등가교환방식 중에서도 프로포절 공모전 당초, 파트너(사업주인 수미토모상사와 한큐전철)가 제안한 것은 등가교환형 토지신탁이었다. 이것은 맨션토지 및 건물을 모두 신탁은행에 맡겨 재건축을 진행하는 방식이다. 그러나 사업 실시 때는 공모전 당시에 비해 신탁은행의 재건축사업으로의 관심이 적어진 것으로 인해 등가교환형 토지신탁의 우위성은 낮아졌다. 거기서 완전양도방식의 등가교환 안이 또다시 파트너로부터 제안되었다. 이 방식은 파트너에게 토지·건물을 일단 전부 양도하고, 완성 후 등가교환조건에 따라 구분소유자에게 토지건물을 반환하는 것이다. 구분소유자에 의한 토지신탁금의 부담은 적어지지만 파트너가 도산하면 사업이 좌절되는 리스크가 있다. 재건축추진위원회는 손해보험 등의 검토도 했으나 부담금이 커서 거절당했다. 최종적으로 파트너 중 한 회사가 사업추진이 곤란한 상황에 빠지면 다른 회사가 커버한다고 하는 협정서를 단서로, 파트너를 신뢰하여 토지건설을 맡기기로 판단한 것이다.

◆법 제도의 대응

재건축을 추진함에 있어서 최후까지 장해로 남은 요소는 일부 구분소유자가 임대로 내놓은 주거와 관련해서 '차지차가(借地借家)법[역자주31)]'이 있다. 재건축에서는 구분소유자는 물론이거니와 임차인도 퇴거하지 않으면 안

31) 정당사유제도에 의해 과도하게 임차인이 보호되고 있는, 임차인 보호에 중점을 두어 만들어진 법률

사진 2 북서 측 전경

사진 3 놀이터

된다. 그렇기 때문에 임대인에게는 임차인으로부터의 임대수입이 재건축을 하는 동안 없어지게 된다. 임대인의 임차인에 대한 퇴거요구에 관한 법 제도가 '차지차가법'이지만, 동 법 상에서 퇴거에 관해서는 '정당사유'가 필요하다. 퇴거비용이나 이사비용의 부담 등은 임대인에게 의무가 아니어서, 실제로는 양자의 대화로 인한 합의해약이 되기 때문에 흥정이 쉽지 않아 재판까지 가게 되는 가능성도 무시할 수 없다. 그렇기 때문에 임대인이 재건축에 소극적으로 나오며 퇴거비용을 요구하는 임차인의 이전 반대가 진행되는 가운데 최후까지 버티는 등 재건축에 큰 벽이 되었다. 거기서 재건축추진위원회가 파트너와 함께 임차인 설득에 몇 번씩 방문하거나 임대인과 임차인의 중개를 하는 등 밤낮을 가리지 않고 적극적으로 움직여서 해결에 발 벗고 나섰다. 현재는 구분소유자에 의한 재건축 결의가 '정당사유'로 인정된 판례도 있지만, 당 프로젝트에서는 어디까지나 사람 대 사람으로 차근차근 흥정을 진행함으로써 장해를 극복해 나간 것이다.

◆실시단계의 특징

프로포절 공모전 시점에서의 계획안을 실시안으로 정리해 나가는 단계에서는 검토사항이 여러 가지로 나누어지기 때문에 재건축추진위원회에서

주거전용면적 74.51m²　　주거전용면적 90.17m²

그림 3 세대 평면도

는 '건축분과회', '주거선정분과회', '관리분과회'의 3부회로 나누고, 각자가 권한을 갖고 담당분야를 검토하는 체제를 취했다.

'건축분과회'와 파트너와의 교섭으로 실시 전에 변경된 큰 내용에는 주동배치, 구조, 주거지 이외의 각 시설배치 등이 있다. 주동배치는 동 측과 남 측의 주동 윗부분이 연결되어 있던 안을 잘라내어 별도 구조로 했다(사진 2). 이것은 한신·아와지대지진을 교훈 삼아 구조를 간단하게 하는 것이 내진(耐震)성을 향상시킨다고 판단했기 때문이다. SRC(Steel Framed Reinforced Concrete-철골철근콘크리트)구조에서 RC(Reinforced Concrete-철근콘크리트)로의 변경은 계약 직전의 파트너 측으로부터의 요청이었다. 주민 측은 건축의 근본인 구조의 변경 안을 중요하게 받아들였다. 비용절감 때문이 아니냐는 의견도 나와 양측에 일시적 대립이 있었으나, RC구조의 고층건축이 실현하기 시작했던 것과 내진성의 저하는 없다는 것, 이와 더불어 거주지의 들보를 얇게 할 수 있어서 실내가 깔끔해진다는 것, 공사기간을 단축할 수 있다는 것 등은 양쪽의 메리트였고, 최종적으로 합의에 이르렀다. 놀이터 위치는 부지 북동쪽 귀퉁이에서 양지로 눈에 잘 띄는 안전한 장소일 것을 배려하여 주차장 옥상으로 변경했다(사진 3). 또 집회장도 같은 옥상에, 형태도 사용하기 불편한 원형에서 사각형으로 변경되었다.

또한 주거계획이나 내장에 대해서는 여성위원이 활약했다. 당초 햇볕이 들지 않는 주거지 중앙에 주방, 욕실, 화장실 등을 위치시킨 계획이 많았기 때문에 외벽부분을 많이 차지하는 츠마가와쥬코(妻側住戶)[역자주32)]의 효과를 살려서, 물을 사용하는 공간(주방, 욕실, 화장실 등)이 발코니에 접하게 하는 계획이나 물을 사용하는 공간끼리 모아서 한 번에 움직일 수 있는 동선을 확보한 계획 등(그림 3) 물을 사용하는 공간에서 오랜 시간을 보내는 여성 특유의 의견을 살린 다양한 제안을 파트너에게 촉구했다. 내외장의 타일이나 물을 사용하는 공간의 설비 등의 설명서도 분과회에서 검토를 거듭하며 채용되어 갔다.

◆기획으로서의 평가 · 전망

구 구분소유자에 대해서 실시한 재건축 전후의 건물 각 부분에 대한 만족도 조사[주1)]에서는 전체적으로 내부환경에 높은 만족도 경향을 보였다. 특히 면적의 증대나 볕이 잘 드는 방향, 물을 사용하는 공간의 무장애공간(Barrier Free)화나 설비 향상 등이 높게 평가되고 있다.(사진 4, 5)

또 외부환경에 대해서는 재건축 전후 모두 높은 만족도를 얻어 재건축 전에 주민이 누리고 있던 여유 있는 녹지환경은 재건축 후에도 유지됐다는 것을 알 수 있다. 모든 주민에게 전해진 새로운 맨션의 쾌적함은 시간

---

32) 츠마가와(妻側)란 건물의 동과 직각을 이루는 측면을 말하며, 츠마가와쥬코란 동의 끝부분에 위치한 세대를 말한다.

사진 4 주방

사진 5 리빙다이닝(Living Dining) · 일본식 방

과 노력을 아끼지 않고 전원합의에 매달린 재건축추진위원회의 기본자세, 여성위원진을 필두로 한 생활에 정착한 시점에서 적극적으로 나온 실시내용에 대한 의견, 그러한 구분소유자의 열의를 받아들인 파트너와의 사이에 맺어진 좋은 신뢰관계가 크게 반영되어 있다. 외부에서의 평가도 높고, 그것은 이 새로운 맨션이 3개의 상을 받은 것에서 알 수 있다. 오사카부와 오사카시 주최의 '제11회 오사카·마음이 통하는 도시상 장려상'은 고층화에 따른 광장(Open Space)의 확보, 무장애공간, 옥상녹지화 등이 평가되어 신·구 구분소유자에 의한 새로운 근린관계가 만들어질 것이 기대되어 수상되었다. 주택금융공고(현 주택금융지원기구)주최의 '제6회 KANSAI 우량단지상'에서는 이웃의 새로운 재건축사업의 선두주자로서의 역할을 다했다는 것, 주차장 옥상의 정원이나 공원, 집회소를 만들어 환경공생이나 지역 커뮤니티에 기여했다는 것 등이 평가되었다. 이들 모두 뛰어난 건물이라는 것이 수상의 주 이유였다. 그리고 오사카부 주최의 '제20회 오사카부 도시계획 공로자상'은 도시 활성화가 요망되는 센리뉴타운에 이웃환경이나 고령자에게도 배려한 재건축을 구분소유자 전원의 합의하에서 실현한 것에 대한 수상이며, 구분소유자의 긴 시간에 걸친 재건축으로의 몰입이 평가된 것이다.

그러나 문제가 전혀 없는 것은 아니다. 여기에 오래 주거하고 재건축사업에 관여한 구 구분소유자와 재건축 후 입주한 신 구분소유자 간에는 건물이나 커뮤니티에 대한 의식에 무시할 수 없는 온도차가 있었던 것은 사실이다. 지금은 여름축제나 떡치기대회, 원예, 음악모임 등의 이벤트를 신·구 거주자가 함께 함으로써 보다 좋은 커뮤니티가 형성되어가고 있다.

센리뉴타운은 맨션들의 재건축 시기를 거쳐 신·구 주민이 함께 사는 새로운 장을 맞이한다. 양자의 뜻은 다르지만 시간을 들여서 각자의 형태로 도시에 애정을 쏟아주기를 바란다.

주 1 후카야 제2주택 재건축추진위원회 멤버의 협력을 얻어서 교토 공예섬유대학 사카타(坂田) 연구실에서 실시되었다.

—— 참/고/문/헌

• 深谷第二住宅建替推進委員会『私たちはこうしてマンション建替えに成功した!』創元社, 2005年

올드타운에서 일변하여 역 앞을 중심으로 한 재개발로 지역재생

구마미 도요아키(熊見豊明)

◆역사와 경위

교토와 오사카의 중간지점인 요도가와의 좌측 강변 지역에 있는 구즈하(楠葉)라는 곳은, 역사적으로는 시대를 거슬러 올라가기를 약 1,500년 전, 서기 507년에 게이타이 천황[역자주33)]이 에치젠노쿠니[역자주34)]에서 이곳에 '구즈하노미야(楠葉宮)'로서 천도한 것이 발단이다. 현재에는 근처의 가타노텐(交野天)신사가 그 계승지라고 전해진다.

고도성장기의 게이한(京阪)연선 굴지의 뉴타운인 구즈하 로즈타운(Rose Town)은 1955년에 설립된 일본주택공단(현 도시재생기구)에 의한 오토코야마(男山)단지 유치를 계기로 구즈하역으로의 교통수단의 정비나 예로부터 아시하라(葦原)의 늪지대였던 해당 지역의 배수문제 등 관련된 인프라 정비계획의 진보와 함께 뉴타운도 구상에서 사업화로 단계적으로 전개되기 시작한다. 그리고 1967년에는 대규모 주택개발사업으로 본격적으로 공사에 착수하여 1971년에 도시재생사업이 진행되었으며 신 구즈하역을 완성하고, 1972년의 구즈하 몰(Mall)의 개업으로 도시 구축의 망치소리는 이어졌다. 당시에는 오픈 몰로, 모 대기업의 교외형 백화점(Department의

33) 게이타이 천황(450~531년) : 일본의 26대(507~531년) 천황
34) 옛 일본의 지방행정구분이었던 나라 중 하나. 옆의 일본 지도에서 적색지역

건물 데이터

명 칭 : KUZUHA MALL
소재지 : 오사카부 히라카타(枚方)시 구즈하하나조노쵸(楠葉花園町) 15-1
설계자 : 주식회사 다케나카(竹中)공무점
주용도 : 상업시설
규 모 : 부지면적/27,675m², 연상면적/85,351m², 계층/SRC구조 지상 5층
사업자 : 게이한 전기철도
사용승인 : 2005년

D), 다이에역자주35), 이즈미야역자주36)(Shopping Center의 S)에서 '1D2S'로 일본에서의 쇼핑몰(그늘진 산책로 · 쇼핑가)의 선구자가 된다.

그러나 20세기도 종반을 맞이한 1998년경 구즈하(樟葉) 역 앞은 교외 뉴타운의 타운센터로 개설된 구즈하 몰가가 개업한 지 벌써 20수년이 경과하여, 역 앞 주변의 활기나 매력 저하와 함께 시설 자체도 노후화하여 점포사업의 운영상태도 상당히 진부해졌다. 같은 시기에 '교외 밖'이라 불리는 구즈하 로즈타운보다 더욱 외각에 위치한 간선도로변에는 GMS (General Merchandise Store-종합소매점)를 중심으로 한 시네콤(Cinecom -Cinema Complex) 등 오락적 시설을 겸한 대형쇼핑센터(이하 SC) 등이 세워지기 시작하여 뉴타운 주변부터 오로지 자가용에 의한 교외 유출이 심해지고, 중심시가지의 공동화(空洞化)가 사회문제로 크게 클로즈업되기 시작한 시기이기도 하다.

당시의 구즈하 지구도 역시 도시 활력의 저하와 함께 역 앞의 공동화가 진행되고, 야간에는 역 앞 거리의 불빛도 줄어들어 통근 · 통학하는 사람

---

35) 일본에서 전국적으로 종합소매점(General Merchandise Store) 및 슈퍼마켓을 운영하는 회사
36) 긴키(近畿)지방을 중심으로, 간토, 쥬고쿠, 규슈지방에 슈퍼마켓 체인을 운영하는 일본 굴지의 소매업회사

표 1 각 시가지 구획의 토지이용계획

	C시가지 구역	S시가지 구역	W시가지 구역	E시가지 구역	(NW시가지 구역)
부지면적	약 27,000m²	약 22,000m²	약 10,000m²	약 18,000m²	약 5,600m²
토지이용	몰(Mall) 본관	몰 남관 평면주차장	II기 맨션 입체주차장	I기 맨션 피트니스클럽	몰 서관 평면주차장
비 고		가설 점포터 이용		구즈하 타워시티	백화점터 이용

을 제외하면 걷는 사람도 드물어 방범상으로도 문제가 되는 정도였다. 그런 시대적 배경도 사회 안팎의 다양한 과제를 안으면서 갖은 어려움을 겪으면서 구즈하 프로젝트의 실질적인 사업계획이 시작된 것은 1999년 여름 무렵이었다.

◆ **프로젝트의 목표**

구즈하역 앞 프로젝트는 고도성장기 이후에 배후지 주변을 포함한 단카이세대(団塊世代)역자주37)를 주 거주자 층으로 한 성숙한 뉴타운의 역 앞의 재생을 그 목적으로 했다. 게이한 본선(本線)의 구즈하역 앞을 중심으로 일상 또는 비일상 생활의 편의, 매력시설의 재정비·재배치를 도모하고, 역 앞 주변으로의 교통수단, 편의성 향상 대책과 더불어 해당 지구의 공동화 대책과 '교외 밖' 입지의 대규모 상업시설 등으로의 자가용 유출을 막기 위한 것에 중점을 두었다.

37) 1947~1949년 무렵의 베이비붐 시대에 태어난 세대(다른 세대에 비하여 인구수가 특히 많았던 것에서 비롯)

사진 1 정면 출입구

사진 2 아웃 몰(Out Mall)

그리고 구즈하역 앞에 최후까지 남겨진 (호칭)C・S・W・E로 둘러싸인 4개의 시가지 구역에 관하여 본격적으로 SC(Shopping Center)와 분양맨션 관련 사업으로 이루어진 토지의 고도이용과 복합개발을 통한 역 앞 주변의 잠재력(Potential)과 매력도 향상의 실현을 위해서 역 앞 재개발에 관한 사내검토위원회 및 프로젝트팀이 결성되었다(표 1).

구체적으로는 아래의 방침을 기본으로, 장래를 위한 역 앞 시가지 구획의 토지이용 방침을 책정했다.

① 교외 뉴타운의 '타운센터'인 구 '구즈하 몰'부터 역 앞 입지를 살린 본격적인 '광역(Regional)형 SC'로 전면 리뉴얼하기 위한 관련시설의 전면 재건축을 행할 것

② 다세대가 모이는 커뮤니케이션 존으로 '요도가와(淀川)의 물과 녹지 계보'에 의한 '도시의 축과 자연의 축의 융합'을 콘셉트로 대형 분양맨션의 개발을 행할 것

사진 3 이너 몰(Inner Mall)

◆개발사업의 개요와 총괄

구즈하 몰 및 분양맨션의 개요와 총괄은 아래와 같다(그림 1).

(1) 구즈하 몰의 개요와 총괄(사진 1~3)

- 구즈하 몰의 MD(업종, 업태, 상품구성)콘셉트는 '라이프스타일 믹스 몰(Lifestyle Mixed Mall)'로 백화점 2개의 GMS를 중심으로 분류하여, MD에 의한 상승효과와 다양한 세대·고객층을 두루 아우르는 '구즈하'에 맞는 양질의 전문점 약 150점포를 배치하여 질 좋은 '구즈하 스타일'을 제안하게 되었다.
- 기존의 몰과는 환경을 일신한 판매점포를 중심으로 한 쇼핑 존은 모두 3개 층을 통합한 실내형 아트리움(Atrium)을 중심으로 유람형의 '서킷 몰(Circuit Mall)'로, 전문점 상가에 통일감 있는 점포 파사드(Facade)를 생각하였다.
- 또 예전 구즈하 몰의 환경 이미지를 계승하면서 역 앞 심벌로드(Symbol Road)변의 환경정비도 배려하기 위해 요식점포를 중심으로 오픈 몰 주변에 배치해서, 역 앞의 보행자 광장부터 구즈하 중앙선으로의 자연적인 사람의 흐름과 야간의 번화함을 연출했다.

- 이렇게 완성한 새로운 구즈하 몰의 점포·시설개요는 표 2와 같다.
- 몰 리뉴얼에 대한 총투자 금액은 주변의 인프라 정비나 입체주차장 정비를 포함해서 약 140억 엔, 연간 총 매출은 333억 엔, 연간 방문객 수는 약 1,720만 명이다(이상 2007년도 실적).
- 상권인구는 반경 약 10km권내 약 50만 명 [히라카타(枚方)시 40만 명, 야와타(八幡)시 8만 명, 교타나베(京田辺)시 2만 명] 으로 거의 당초 상정한 상권지역부터 내점하고 있다.
- 2005년 4월의 개업 이후 배후지 상권의 시설입지 인지도와 함께 소비자의 요구에 맞춘 업태변경(가게 만들기)이나 구색에 맞춘 상품에 따른 단골유치로 내점비율이 상승경향으로 바뀌고 있다.
- 몰로 찾아오는 교통수단은 대중교통, 자가용, 자전거·도보의 비율이 거의 1대 1대 1 정도이다(대중교통은 대부분이 전철 이용, 버스는 거의 없다. 구 몰에는 대중교통 이용이 불과 10% 정도였다).

(2) 분양맨션의 개요와 총괄

- 프로젝트의 첫 테이프를 끊은 초고층 분양맨션의 사업기획에 관해서는 연선 제일의 재개발 프로젝트로서 신 구즈하 몰과 하나 된 풍경, 교외지이면서도 도심과 같은 생활편의성을 세일즈 포인트로 전술한 '다세대가 모이는 커뮤니케이션 존'을 콘셉트로 했다.
- 각 주거지의 상품기획으로는 ① 영주형 안심주택으로서 고강도콘크리트로 당시로는 전국에서 최초의 초고층 면진(免震)구조를 채용, ② 완전SI(Skeleton Infill)주택과 프리플랜(Free Plan)방식의 일부 채용, ③ 고객요구에 맞춘 플랜변경 대응시스템 등 당시의 분양맨션사업으로는 획기적인 공법과 선진적인 고객대응시스템을 채용했다.

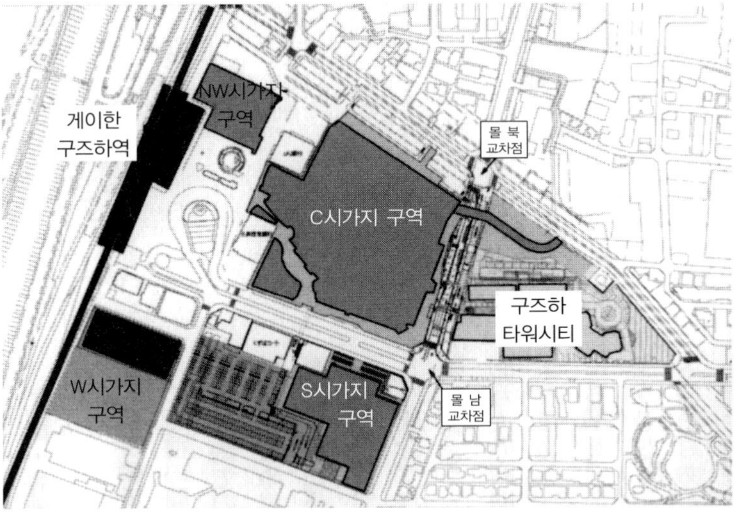

그림 1 전체 배치도

※참고

- 구즈하 Rose Town · 일본주택공단(당시) 오토코야마(男山)단지의 개발면적 · 계획규모
- 게이한 153ha, 5,500세대(단독주택 약 3,000세대), 22,000명
- 공단 186ha, 9,000세대, 32,000명

표 2 구즈하 몰 점포 · 시설개요

	본관 (C시가지 구역)	서관 (NW시가지 구역)	KIDS관 (S시가지 구역)	주차장 (W시가지 구역)	계
영업면적	35,000m²	10,000m²	5,000m²	–	50,000m²
점포 · 시설 규모	지상 4층	지상 1층 지상 4층	단층건물	지상 8층	–
업태구성	백화점, GMS 전문점, 갤러리 입체주차장	전문점 진료소	전문점 입체 · 평면 주차장	입체주차장 (맨션)	–
주차장	1,000대		500대	500대	2,000대

◆행정수속과 지역과의 협동시책

이런 종류의 개발사업, 특히 뉴타운이라고 해도 이미 성숙한 기성시가지 내에서의 재개발사업은 도심지역 이상으로 지방자치단체 및 감독관청, 지역주민이나 고객과의 신뢰관계를 일차적으로 협의나 인허가, 개점계획이나 공사에 관한 지역설명회를 시작으로 소정의 정보공개와 PR활동, 커뮤니케이션으로의 몰입을 빼놓을 수 없다.

구즈하 프로젝트지구는 시설 그 자체의 입지는 오사카부 히라카타시에 위치하면서 SC로서의 상권, 배후지는 교토부 산하에까지 미치며, 야와타(八幡)시의 지역 외에 약 50만 명의 상권인구를 거느리는 지역이다. 특히 환경면이나 교통문제는 광범위한 지역에 영향을 미치는 부분이어서 꼼꼼한 계획과 대응책과 지역사람들의 이해와 협력이 필수적이다. 당연한 것이지만 영향이 미칠 가능성이 있는 지역사람들은 한편으로는 배후지상권 내의 중요한 고객이기도 하기 때문이다. 이번 사업에 관해서 몰입한 행정 협의과정이나 지역으로의 배려에 대해서 아래에 요점을 기술한다.

(1) 지방자치단체와의 협동시책

구즈하역 앞 지구는 오사카부 히라카타시에 위치한다. 이번의 개발사업은 개별 인허가를 개시함에 있어서 지방자치단체인 히라카타시 관계부처의 전면적인 이해와 협력을 기반으로 용의주도하게 협의나 수속이 진행되었다.

동 시(市)에서 전면적인 이해를 얻을 수 있었던 이유로는 뉴타운이어야 할 구즈하지구가 당시에는 이미 올드 타운화로 향하고 있었고, 역 앞 지구를 중심으로 지역활력의 저하가 현저했기 때문에 게이한(京阪)그룹에 의한 재개발사업을 기폭제로 지역의 활성화가 기대되었다.

지방자치단체와 협동으로 몰입한 시책 중 하나로 역 앞 주변의 무장애공간(Barrier Free)화가 있다. '구즈하 로즈타운'은 쇼와 40년대(1965~1974년) 전반의 당초계획에 따라 당시로는 이 정도까지의 차량보급화(Motorization)를 예상할 수 없었는지, 차량에 의한 도로교통과 보행자와의 입체 분리는 전혀 고려되지 않았다. 이번 계획에서는 '구즈하 몰' 시설 내는 물론, 간선도로를 사이에 둔 몰 본관과 남관, 분양맨션지구와 각 시가지 구간에 휠체어 대응형 엘리베이터를 병설한 쉘터가 있는 전천후형 입체육교를 설치했다.

또 히라카타시와의 협동시책 중 하나는 주변지역을 대상으로 시민을 위한 갤러리 설치가 있다. SC에서는 본관 3층 부분에 택지개발자(Developer)에 의한 갤러리 공간을 제공, 현재의 '지정관리제도'의 구조를 활용하여 해당 시로부터 게이한 그룹이 운영관리업무를 수탁하여 지역주민에 의한 그림・서도(書道)・공예품 등의 작품전시의 장으로 활용되고 있다.

(2) 교통동선처리에 관한 계획과 인허가

교외형 SC에 관한 행정수속, 특히 '입지법' 관련 수속은 교통협의가 다라고 해도 과언이 아니며, SC로의 자가용 이용과 하루의 승객이 약 6만 명인 교외거점, 구즈하역으로 향하는 노선버스 등 대중교통과의 공존을 도모하기 때문에 지방자치단체・경찰본부・관할경찰과는 교통유도 시책에 대해서 다양한 관점에서의 계획검토와 협의, 조정을 반복했다.

교통유도 시책에 대한 최대의 장애물은 몰 본관 내의 입체주차장에 진입하는 차량의 접근방법을 각 방면별로 원칙(좌회전IN・좌회전OUT)에 따른 교통동선으로 하는 것이며, 건축기준법에 기초하여 간선도로상에 '상공 브리지' 설치를 위한 '도로점용 허가'를 받기 위해 국토교통청 통달에 따른 건축・도로・경찰・소방 4곳의 관할관청・자치단체에서 형성된 도로상공 통로연결협의회, 즉 '4자 협의회'의 합의를 받는 것이었다. 결과적으로 협의 개시부터 허가에 이르기까지 약 2년의 시간이 걸렸고, 허가를 받고 견고한 건축계획이 대략적으로 확정되어 본격적으로 사업계획 추진이 가능해졌다.

(3) 공사시공에 관한 여러 문제

이것들은 물론 기성시가지에는 뒤따르는 일이지만, 본 프로젝트에서는 분양맨션 건설공사를 선행했기 때문에 몰의 재건축 공사기간 중 주변지역은 물론 맨션의 기존 거주자에게는 큰 폐를 끼쳤으나, 지방자치단체회를 비롯한 지역 주민의 몰 완성 후의 지역활성화・편의성 향상에 거는 기대와 이해가 뒷받침되어, 또 사업추진과 공사관계자의 밤낮에 걸친 열의와 노력의 보람이 있어서, 큰 사고나 트러블 없이 소정의 공사기간 내에 무사히 공사를 수행할 수 있었다.

(4) 그 외 주변지역과의 협동시책

게이한 연선에서는 히라카타시 지역을 중심으로 시민레벨의 의식, 특히 도시계획 활동으로의 몰입의 기운도 높았다. 구즈하지구에서도 어느 시민단체(NPO)를 주체로 지방자치단체나 관계사업자의 지원을 받으면서 CO_2 감소 등 최근의 지구환경 문제를 직시한 사람에게 부드러운 시민의 발로서 대중교통 활성화를 위한 몰입활동이 뿌리내리기 시작하고 있다. 해당 프로젝트 기술의 본 취지는 아니지만 새롭게 탄생하는 구즈하 몰의 완성에 맞춰서 긴키(近畿)[역자주38)]운수국 및 오사카부, 히라카타시의 지원 아래 오사카대학 공학부 공학연구과의 마츠무라준(松村准) 교수(사회자)의 지도에 의한 구즈하 지역의 교통환경에 관계된 간담회가 열렸고, 우리들도 사업자로 참가하면서 시민・지역레벨에서의 대중교통 활성화로의 시책이 시작되었다. 그리고 구즈하 몰의 개업을 눈앞에 둔 2005년 3월에는 히라카타시의 지원 아래, 게이한 그룹 및 계열 버스회사도 관여하여 지역시민레벨의 활동이 주체가 되어 이용자 측의 의견과 지혜를 모아서 구즈하역을 기점으로 하는 버스노선도와 시간표를 통일하고, 버스노선망과 지역 내에 있는 사적(史蹟)・관광자원이나 숍・레스토랑 등을 파일로 묶어서 알기

38) 교토(京都)부, 오사카(大阪)부, 시가(滋賀)현, 효고(兵庫)현, 나라(奈良)현, 와카야마(和歌山)현, 미에(三重)현의 2부5현으로 형성된 지역

쉽게 안내한 버스 노선도가 만들어졌다. 그것들은 구즈하의 배후지인 히라카타・야와타 두 시에 걸친 지역의 각 세대에게 약 3만부가 배포되어, 매년 봄과 가을에는 구즈하역 앞 광장을 거점으로 안내 맵을 기초로 한 스탬프랠리(stamp + rally)[역자주39)] 등 대중교통 이용 촉진을 위한 기획이벤트가 개최된다. 이러한 고안은 일과성으로 그치지 않는 시민레벨에서의 도시계획 활동으로 지금도 계속 발전하고 있다.

◆ 사업평가 부분에 있어서

교외형 뉴타운에 있어서 평일에는 통근・통학을 위한 지역 간 이동과 주말에는 도심형 백화점 등으로 쇼핑을 하고 취미・여행이라는 레저활동・소비 등이 있지만, 한편으로는 일상생활권이기도 한 철도역을 중심으로 역세권을 코어로 의식주 관련 상품을 구매라든가 보육・의료・생활편익 서비스・취미・오락・지역교류 등 자기실현을 위한 필요한 용건에 높은 관심을 보이고 있다.

이번의 사업 전체를 개관해 볼 때, 1년의 프로젝트에 관한 것으로는 도쿄, 오사카 철도변을 대표하는 마을 만들기 '구즈하'에 대해 앞으로 기대를 갖게 함과 동시에 다음과 같은 문제제기와 동시에 총괄적으로 개념정리를 하고 싶다.

- 베이비붐 세대가 일제히 정년을 맞는다면, 소위 말하는 2007년의 문제가 실현되는 지금 시점에서 교외의 뉴타운을 '주택소유'의 '정점'이라는 지난 세대에 대한 노년시대에 반해 장년층 세대에 대해서는 교외 뉴타운의 역세권을 코어로 한 생활권의 편익성의 향상을 위해서 지역 커뮤니티라든가 취미・오락・지역교류 등 자기실현의 부흥하는 시설과 생활 관련의 인프라를 정비할 필요가 있다.
- 철도회사에 의한 철도 주변의 계획정책이라든가 철도변의 가치의 향

---

39) 정해진 철도역 또는 관광명소의 스탬프를 모으면서 일정코스를 돌고 오는 놀이

상이 대두되는 지금 철도변의 굴지의 뉴타운 등 거리조성의 역전을 지금까지와 같은 운동, 통학을 위한 교통의 절점에 한하지 않고 철도변에 있는 거주자라든가 방문자, 고객들의 교류활동이나 자기실현·쉼터를 제공하기 위해서는 앞으로 유연한 정책을 중심으로 정보를 제공할 필요성이 요구된다.

A Column 항구도시의 회고적인 분위기를 재생

JR(Japan Railway)선 몬지(門司)항 역 / 다나카 나오토(田中直人)

JR 몬지항 역 역사(驛舍)는 1914년에 세워진 규슈(九州) 최고의 목조역사로, 역사로는 전국에서 처음으로 국가의 중요문화재로 지정되었다. 칸몬(関門)터널[역자주40)]이 개통하기까지 규슈로 들어오는 철도의 현관이었으며, 바다 건너 맞은편의 시모노세키(下関)와의 사이에 취항한 철도연락선과의 연락중계 역으로 번화했다. 역 주변은 항구와 역을 중심으로 예부터 번창한 시가지로, 현재 몬지 복고사업의 일환으로 역 앞을 분수광장으로 바꾸는 등 주변의 산책길이나 낡은 건물도 그에 맞추어 개수하고, 역사나 주변의 역사적 건조물을 살린 관광활성화 사업(몬지항 복고사업)이 진행되고 있다.

도시계획의 추진에 관해서 특정비영리활동법인 몬지 도시계획 21세기의 모임 등 시민 스스로 얘기를 나누며 배우고 생각하고 활동하며, 행정 · 기업과 협동으로 활력 있는 몬지의 실현을 목표로 하는 활동도 빈번히 이루어지고 있다. 많은 철도역사가 재건축되어 그 도시 풍경을 크게 바꾸는 사례가 많지만, 이 사례는 역사건축이 갖는 문화적 가치를 살려서 주변지구와 하나가 되어 환경을 재생한 기획사례이다.

몬지항 역 앞 광장에서 행해지는 결혼식

40) 시모노세키시와 규슈시를 연결하는 해저터널. 1958년에 개통

B Column 비즈니스가의 큰 변모

도쿄 스테이션시티(도쿄 Station City) / 가츠라이 시로오(桂井史朗)

하루 평균 약 100만 명이 이용하는 도쿄역에는 주로 마루노우치, 야에스(八重洲), 니혼바시(日本橋)의 3개의 입구가 있고, 각기 다른 얼굴을 갖고 있다.

역사(歷史)를 상징하는 마루노우치 출입구, 여기서는 빨간 벽돌 역사(驛舍)를 창건 당시의 형태로 되돌리는 보존 · 복원공사가 진행 중이다. 역, 호텔, 갤러리가 입주한다. 미래를 상징하는 야에스 출입구에는 역 앞 광장을 끼고 두 동의 초고층 빌딩을 완성하여 백화점과 사무실이 가동했다. 이후 중앙 역사와 역 앞 광장의 공사가 진행된다. 정보를 발신하는 니혼바시 출입구에는 사무실, 호텔, 컨퍼런스(Conference)시설들로 이루는 초고층 복합빌딩이 건설되었다. 게다가 에키나카[역자주41]에도 상업시설인 그란스타(GranSta)[역자주42]가 새롭게 개업하여 연일 번화함을 보이고 있다.

이 정도 규모의 역을 하나의 큰 도시로 보고, 도쿄 스테이션 시티라고 이름 붙여졌다. 역을 이용하는 사람들에게 단순한 통과지점이 아닌 일하고, 모이고, 교류하면서 새로운 문화를 발신할 것 같은 세계 제일의 역=도시가 될 것 같은 소원을 담았다.

C Column 세월이 지나서도 계속 진화하는 건축활동

구마모토 Artpolis[역자주43] / 이토오 도요오(伊東豊雄)

구마모토 Artpolis가 시작한 지 20년을 맞이했다. 이 사업은 쿠마모토(熊本)현(県) 지사에 의해 임명된 커미셔너(Commissioner-권한을 위임 받은 최고 관리자)가 설계

41) 역 내라는 뜻으로 철도회사가 역 구내에 전개하는 상업공간을 이르는 통칭

42) 최고의 위치를 의미하는 'Grand'와 도쿄 Station City의 중심인 역 'Station', 수도 도쿄에 상응하는 품격 'Status', 여행의 기대감을 높이는 출발지 'Start', 많은 사람과 교류하고 추억 · 기억에 남는 무대 'Stage'의 뜻을 담은 'Sta'를 합친 신조어로, 에키나카에 위치하는 47개의 숍으로 형성된 상업공간.

43) 건축이나 도시계획을 통하여 문화향상을 목표로 실시되고 있는 일본 구마모토 현의 사업. 1998년부터 행해지고 있다.

자를 추천하는 시스템으로 되어 있다. 한 명의 커미셔너가 설계자를 추천하는 제도는 극히 드물며, 게다가 20년간 지속하고 있는 사례는 세계적으로도 찾아볼 수 없다. 구마모토에서는 3대째 커미셔너에 의해 사업이 계승되고, 지금까지 70여 개의 프로젝트가 실현되었고, 지금도 7개의 프로젝트가 진행 중이다.

구마모토 역 서출입구 역 앞 광장의 제안(사토미츠히코(佐藤光彦) 건축설계사무소)

설계경기의 공개심사회장

필자는 제3기 Artpolis의 테마를 '배우면서 창조, 창조하면서 육성'으로 했다. Artpolis사업은 단순하게 설계자 선정제도가 아닌 현의 국민이나 학생들에게 현대건축을 이해하길 바라는 계몽 역할을 맡아야 하며, 또한 지역에서 세계를 향해서 발신할 수 있는 젊은 건축가를 육성하는 기능을 갖게 하고자 하는 것이다. 바꿔 말하면 선택하는 프로세스, 창조하는 프로세스를 공개하여, 그 프로세스 자체를 대화의 장, 교육의 장으로 만들려는 시도였다.

구마모토 Artpolis에서는 1년간에 여러 건의 공모전(Competition)이나 프로포절

(Proposal)이 개최되고, 그때마다 전국에서 뛰어난 젊은 건축가나 학생들이 모여 열기가 넘치는 이벤트가 반복되고 있다. 그리고 최우수 작품에는 뽑히지 못했지만 지역 건축가들의 제안도 이제 한걸음을 남겨놓은 수준까지 도달하고 있다.

또 심사 프로세스는 공개를 원칙으로 이런 장이 반복됨으로써 현 내의 자치단체, 지역주민, 지역 건축가들에게도 Artpolis의 정신이 조금씩 스며들어, 예전의 설계자 수용형 Artpolis에서 지역 참가형 Artpolis로 변신하는 형태를 볼 수 있게 된 것처럼 느낀다.

경제상황이 좋지 못한 오늘날 1년에 수차례나 젊은 건축가에게 공공시설계획의 문을 열어주는 지역은 구마모토 이외에는 없다고 생각한다. 이번 가을에는 20주년 이벤트로 아시아의 도시계획에 공헌하고 있는 인물을 초대한 컨퍼런스도 기획되어 있다.

일본의 건축계는 자치단체의 재정의 어려움도 있어 외국의 여러 국가에 비교해서 침체일로를 걷고 있다. 그런 상황에서 구마모토 Artpolis는 앞으로 건축의 나아가야 할 형태를 토론하는 극히 드문 열린 장의 하나가 되고 있다.

D Column

해외여행자의 숙박객 급증으로 번화롭게

사이죠(西成) 배낭여행 촌 / 사카다 히로이치(阪田弘一)

일용직 노동자들의 도시, 사이죠 '아이린 지구'가 해외여행자들의 안식처로 변모하려고 한다. 최근 몇 년간 일본을 방문하는 각국의 배낭여행자가 오사카의 사이죠에 모이기 시작하고 있다는 것이다. 아이린 지구는 예전에 고도 성장기를 지탱해온 인력시장 중에서도 일본 굴지의 일용직 노동자 공급지였다. 그러나 최근에는 불황이나 일용직 노동자들의 고령화에 의해 활기찼던 당시의 형태는 찾아볼 수 없다. 정규직이나 주민등록증을 소지하지 않는 노동자가 전국에서 모이는 이 도시는 좋게 말해도 물이 좋다고는 할 수 없고, 주변주민이 거의 발길을 주지 않는 장소이며, 공동화가 심각한 문제가 되고 있다. 이 도시에 즐비한 '도야'로 불리는 간이숙박소도 지금까지 일용직 노동자에게 실질적인 주택역할을 해왔으나, 현재에는 경영에 지장을 받기 시작하여 새로운 고객 개척이 시급해졌다. 그래서 과감하게 간이호텔로 리모델링하여 여행자에 대응하는 숙박시설이 늘기 시작했다. 지금은 인터넷 보급과 더불어 세계적으로 이 도시의 존재가 배낭여행객 간에 알려지게 되었다.

미나미[역자주44)]나 기타[역자주45)]와 가깝고, 바로 옆에 츠텐가쿠(通天閣)[역자주46)]가 우뚝 솟아있는 번화가 '신세카이(新世界)'[역자주47)]가 있고 나라, 교토, 고베로의 교통수단도 JR(Japan Railway)로 1시간 이내로 입지가 원래 뛰어난 곳으로, 1박 요금시세가 2000엔 정도이다. 화장실이나 욕실은 공동이지만 사생활이 확보된 3죠(畳) 정도의 방에 이불, TV, 에어컨이 갖춰져 있다. 로비에는 무료인터넷 PC를 설치하거나 영어 등으로 쓰여진 오사카 관광안내를 상비하는 숙소도 있다. 그 흐름은 주변 상가에도 확산되어 자주적으로 외국어 매뉴얼을 만들어 대응하는 상점도 나타났다. 또 오바찬(아줌마)으로 대표되는 친근감 있는 간사이진(関西人)[역자주48)] 기질도 해외여행자를 유치하는 데 한몫하고 있는 듯하다.

전환의 선구가 된 호텔경영자는 지역 차원으로 제휴하여 해외에서 찾아오는 젊은 숨결로 노후화된 도시를 부활시키려고 "이 도시를 태국의 카오산거리(Khaosan Road)와 같은 외국인 배낭여행객으로 붐비는 도시로 바꿔나가고 싶다"고 말하고 있다. 그 꿈의 실현도 멀지 않은 듯하다.

원 간이숙박시설에 묵는 배낭여행객

44) 동서남북 중 남을 뜻하는 말로, 오사카를 대표하는 2대 번화가 중 하나로 난바(難波)부터 센니치마에(千日前), 도톤보리(道頓堀)의 범위. 서민적인 분위기로 음식점, 주점 등이 많다.

45) 동서남북 중 북을 뜻하는 말로 오사카를 대표하는 2대 번화가 중 하나로 우메다(梅田) 주변을 말함. 도시적 분위기로 사무실이 많다.

46) 오사카시 나니와(浪速)구에 있는 번화가 근처 중심에 세워진 전망대로, 오사카의 심벌로써 사랑받는 관광명소

47) 에비스히가시(恵美須東)1번지부터 3번지에 위치하는 환락가

48) 관서 긴키(近畿)지방(역자각주38))에 살거나, 또는 출신인 사람. 귀찮을 정도로 친근감이 있으며, 직설적인 성격

4 매력조성과 고객유치를 위한 산업공간의 기획

에모토 다츠야(江本達哉)

가게가 돈을 버는 마케팅활동과 상업공간의 기획

어느 도시의 수제 빵집이 매출을 올리기 위해 무엇을 해야 하는지 생각해보자.

먼저, 무엇보다도 그 상품의 충실함일 것이다. 상품인 빵 자체를 얼마나 맛있게 만드느냐, 포장은 어떻게 해야 예쁜가 등등 먼저 생각해야 하는 것은 팔아야 되는 상품 그 자체이다. 다음으로 상품을 구성하는 점포의 형태도 중요하다. 가게 규모, 인테리어, 공간의 좋고 나쁨, 조명 등등… 상품인 빵을 얼마나 맛있게 보이느냐이다. 또 일반적으로 말하는 프로모션, 즉 광고 및 접객태도나 포인트 카드의 유무 등 판매방법, 고객과의 커뮤니케이션도 매상에 크게 영향을 미친다.

판매채널, 즉 유통방법은 밖으로 드러나지 않을 뿐 판매자에게는 중요한 과제이고, 어느 도시에만 한정해서 팔 것인가 전국적으로 판매할 것인가, 아니면 해외에까지 그 판로를 넓힐 것인가, 지금 그대로의 수제 빵집이냐 아니면 편의점, 슈퍼마켓, 레스토랑, 자판기에서의 판매나 배달, 이트인(Eat In)[역자주49]방식도 겸할 것인가 등이다. 그리고 마지막으로 중요한 것

49) Eat+In. 구매한 것을 점포 내에서 먹는 것. ⇔Take Out

은 가격이다. 이것들을 정리한 것이 그림 1이며, 효율적인 조합의 절묘함에 따라 빵집의 매출이 결정된다. 조금 더 생각해보면 최적의 조합은 각각이 단독으로 결정되는 것이 아니라는 사실을 깨닫는다. 예를 들면, 가게를 훌륭하게 개축하면, 그것은 빵의 가격구성상 경비를 늘리고 빵의 판매가격을 올릴 수밖에 없을 것이다. 반대로 빵집의 가게 규모 자체가 일종의 광고모체이며, 광고비 감소 차원에서 역시 훌륭하게 개축하는 편이 좋을 수도 있다.

가게는 특별하게 고객이 보는 장소만이 아닌 주방이나 종업원 공간, 매입공간도 필요하다. 고객과의 접객공간을 늘리면 이들 백스페이스(Back Space)가 줄어든다. 그러면 쾌적한 주방공간을 얻을 수 없고, 본 목적인 맛있는 빵을 만든다는 것에 지장이 미칠 수도 있다. 종업원 공간을 줄이면 접객태도와 서비스에 영향을 줄 수도 있다.

게다가 원래 판매채널의 방법 결정에 따라서는 현재의 가게 자체가 불필요해질 수도 있고, 이트인(Eat In) 병설형 점포가 될지도 모른다. 가게의 형태 자체가 바뀌고 이들 요소의 상호균형을 잘 판단해서 결정하는 것에 그 빵집의 매출을 늘리는 최적의 답이 있다.

근본적인 얘기를 하자면, 이 그림 1의 얘기를 하기 전에 이른바 시장상황이나 자신 있는 점과 자신 없는 점을 분명하게 하고, 그 다음에 구매하는 고객 양상을 정하고, 그 사람들에게 자신의 제품인 빵의 유니크(Unique)함을 발휘할 수 있는 자리를 발견해낼 필요가 있다. 그것들을 파악한 다음에 그림 1 속에서 최적의 조합을 찾아내는 것이다. 그림 1에서 가리키는 상품(Product), 프로모션(Promotion), 판매채널(Place), 가격(Price)은 '4P'로 제공되는 마케팅 활동에 있어서 마케팅 믹스(Marketing Mix)의 결정 문제이며, 뒷부분에 기술한 것은 그 전제가 되는 마케팅 환경 분석과 그것에 기반을 둔 표적시장의 설정과 포지셔닝의 결정 문제이다.

'상업공간의 성공'을 그 '상업상의 성공'으로 이해한다면, 같이 '상업상의 성공'을 목표로 하는 마케팅 활동은(주1) '상업공간의 성공'이기 때문에 유용

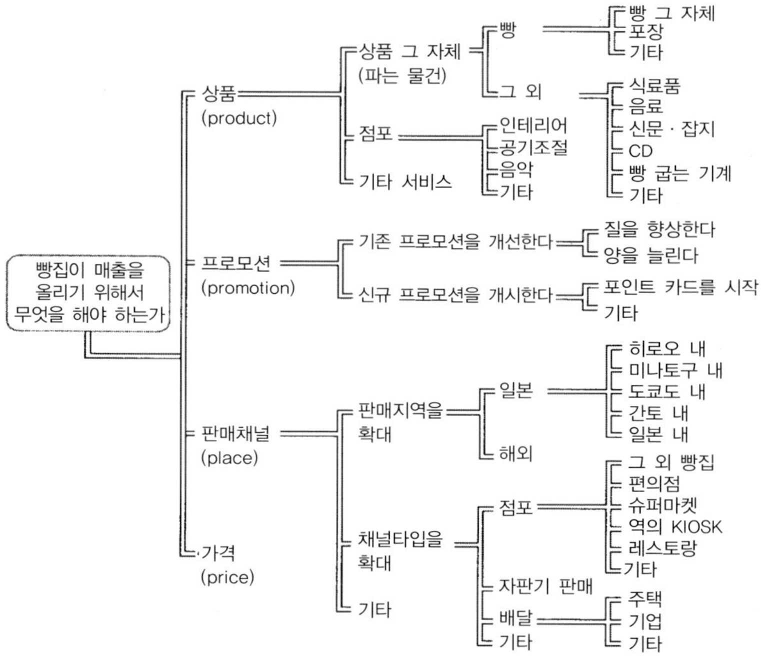

그림 1 빵집이 매출을 늘리기 위해서 필요한 마케팅 활동과 유통

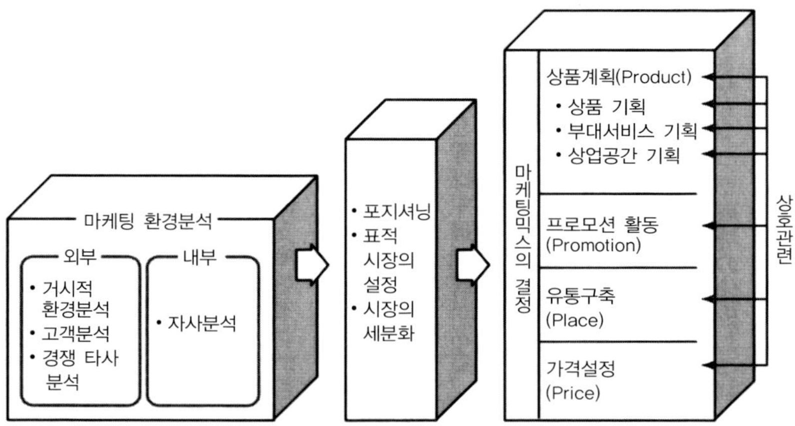

그림 2 마케팅 활동의 흐름과 상업공간 기획

한 프레임워크(Frame Work)를 제공해준다. 즉, 마케팅 활동을 하나의 프레임워크로 보고, 상업공간의 기획을 이 프레임워크 속 활동의 일환으로 포착하는 것은 '상업공간의 성공'의 유력한 방법론의 하나이다. 다음의 중요한 인식은, 이 프레임워크 중에서 특히 마케팅 믹스 문제의 4P의 각 요소는 독립변수가 아닌 각각이 밀접한 관계를 유지하고 있고, 각 요소는 각각 단독으로 정해주는 것이 아닌 표적시장과 포지셔닝을 고려하여 종합적으로 검토, 결정해야 할 사항이라는 것이다. 이 마케팅 활동의 흐름과 상업공간 기획의 위치구조를 그림 2에 나타냈다.

상업공간 기획 개발의 흐름

마케팅 활동의 흐름을 기본으로 하여 상업공간 기획을 중심으로(주2) 실무상 중요시되는 개발프로세스도 포함한 구체적인 수순 예를 그림 3에 나타냈다. 쇼핑센터의 예를 들었으며, 전 항에서 상품 자체로서 취급한 빵을 각각 점포 테넌트업체(Tenant)로 바꿔서 생각하면 이해하기 쉽다. 여기서 중요한 것은 시계열상의 각 단계(0~4단계, 개업・운영)에 명확한 서로의 자리매김이 있고, 그 중에서 마케팅 믹스 각 요소를 각각의 역할이 분담하여 서로 밀접하게 연계하여 하나가 되서 기획을 진행하고 있는 것이다. 종합프로듀스의 주된 역할은 마케팅 믹스의 최종조정과 최적화, 스케줄관리 등이며, 기획 전체 진행의 사령탑으로서 각 역할 간에 빠져나가는 업무의 안전망 역할도 담당한다. 내장・환경계획, 건축 등 공간디자인은 가장 좁은 뜻으로의 상업공간 기획의 수비범위이며, 상업공간의 성공을 위해서는 좁은 뜻에서의 상업공간 기획 안에서만 머무르는 것이 아닌 그림 3에 나타내는 각 역할과의 연계와 일체화가 반드시 필요하다. 테넌트중개(Tenant Leasing), 운영관리는 상품 자체의 기획과 대등하며, 상품구색과 매력을 유지하기 위한 관리를 한다. 이상의 역할을 기반으로 하는 각 단계의 진행에 맞춰 프로모션을 담당하는 광고・판매촉진 부문은 그 시점에

그림 3 상업공간의 기회의 흐름 – 쇼핑센터 개발사례

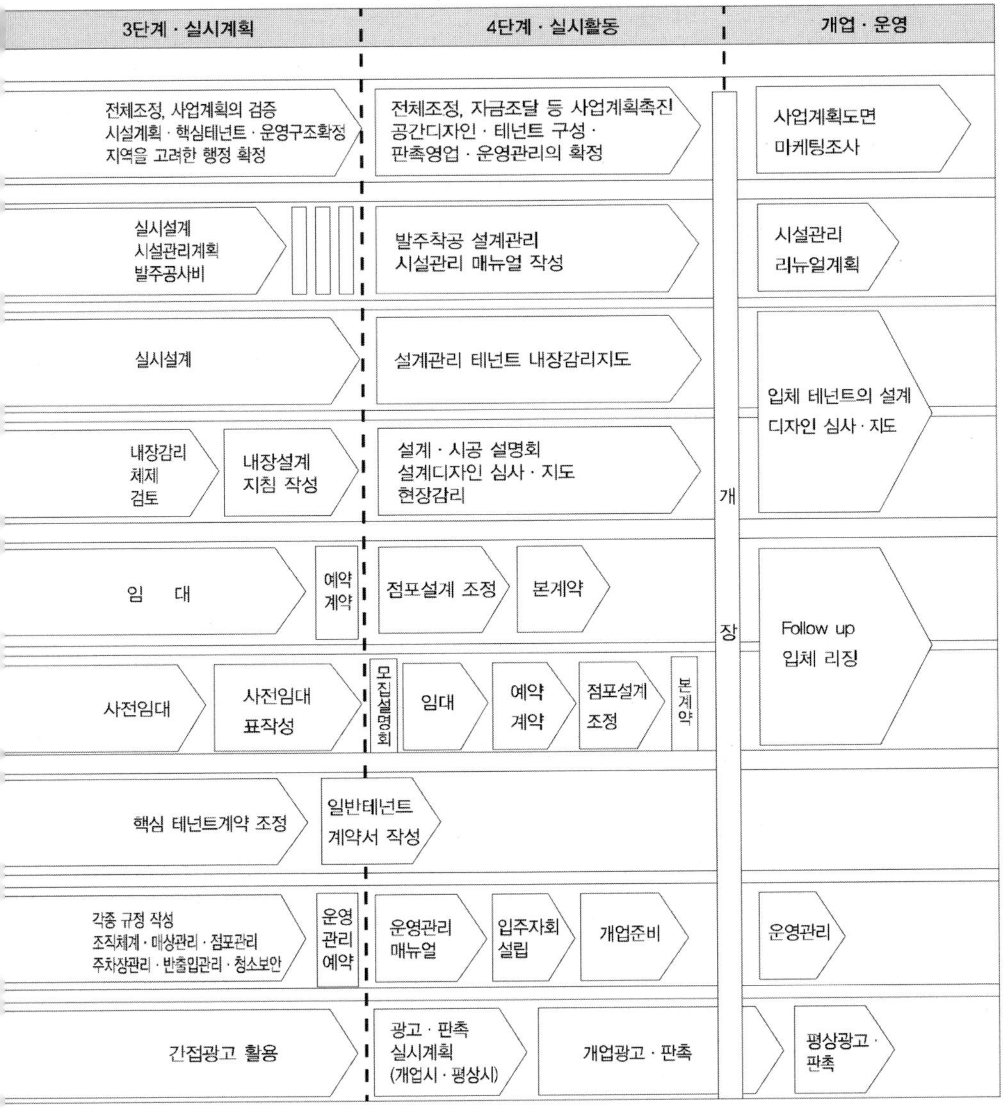
3단계 · 실시계획
4단계 · 실시활동
개업 · 운영
전체조정, 사업계획의 검증
시설계획 · 핵심테넌트 · 운영구조확정
지역을 고려한 행정 확정
전체조정, 자금조달 등 사업계획촉진
공간디자인 · 테넌트 구성 ·
판촉영업 · 운영관리의 확정
사업계획도면
마케팅조사
실시설계
시설관리계획
발주공사비
발주착공 설계관리
시설관리 매뉴얼 작성
시설관리
리뉴얼계획
실시설계
설계관리 테넌트 내장감리지도
입체 테넌트의 설계
디자인 심사 · 지도
내장감리
체제
검토
내장설계
지침 작성
설계 · 시공 설명회
설계디자인 심사 · 지도
현장감리
개
장
임 대
예약
계약
점포설계 조정
본계약
Follow up
입체 리징
사전임대
사전임대
표작성
모집설명회
임대
예약
계약
점포설계
조정
본계약
핵심 테넌트계약 조정
일반테넌트
계약서 작성
각종 규정 작성
조직체계 · 매상관리 · 점포관리
주차장관리 · 반출입관리 · 청소보안
운영
관리
예약
운영관리
매뉴얼
입주자회
설립
개업준비
운영관리
간접광고 활용
광고 · 판촉
실시계획
(개업시 · 평상시)
개업광고 · 판촉
평상광고 ·
판촉

서 가장 효과를 올릴 수 있는(주3) 프로모션방법의 편성(커뮤니케이션 믹스)을 제안・실시하게 된다. 고객은 상품 자체의 품질은 물론이고 공급자와의 커뮤니케이션으로 얻을 수 있는 정보에 의해서도 구매가 크게 좌우된다. 또한 산업공간의 디자인 자체가 어떤 의미에서 명확한 메시지이며, 광고 모체가 될 수 있다는 사실을 충분히 인식・활용해도 좋다. 〈4P〉 중 가격(Price)에 대해서는 각 분담으로 공사비, 각종 예산, 테넌트조건(임대료)에 따라 정해지고, 최종적으로는 사업계획에 따라 집계되어 횡단적으로 공유・조정되는 중요한 요소이다. 나머지 4P의 마지막인 유통(Place)형태의 결정은 본래 유통이 가장 최종단계의 기능을 맡는 상업공간에 대해서, 특히 상품 자체를 무엇인가라고 인식하는 것에서 시작하며, 그 공간형태와 상품기획을 규정하는 기본사항이다. 예를 들어 백화점의 유통형태를 선택한 경우, 개개의 상품 자체가 바로 상품이며, 그 상품기획은 구매자에 의한 개개의 상품 선정에서 시작하며 공간기획은 개개의 상품진열부터 하는 것이다. 또한 세부적으로는 테넌트 상품 반입(동맥 물류) 등으로 유통에 관여된 검토의 필요성에 유의해야 된다. 어쨌든 적어도 산업공간의 기획에 종사하는 자로서는 항상 고객의 변화에 따른 유통구조의 변화나 그에 관계된 IT기술의 진보에 충분한 주의를 기울일 필요가 있다.

0단계 준비기간

외부분석과 내부분석으로 크게 나뉘는 마케팅 환경 분석을 행할 시기에 해당한다. 상업공간의 기획에 있어서는 외부분석 중 부동산 사업으로서의 입지, 도시계획 등 관련법규, 인근 고장 등의 조사도 필요하다. 또한 주의해야 할 것은, 이 시점에서는 가능한 한 조사・분석해야 할 사항의 폭을 좁히지 않는다는 것이다. 예를 들면 자신의 단점 분석 등은 등한시하기 십상이지만 역발상으로 자신의 단점이 장점이 되는 일은 흔히 있는 일이다(주4).

1단계 기본구상

이 단계에서 특히 중요한 것은 전체 콘셉트를 잡는 것이다. 이것은 제품 콘셉트에 해당하며 표적시장, 포지셔닝의 설정과 병행해서 피드백하면서 완성된다. 그것 자체가 예상되는 고객의 구매 이유이며 시장가치를 나타내고 있다고도 할 수 있다. "예상되는 고객이 실제로 그것을 사용하고 있는 장면을 이미지할 수 있을 정도로 구체화된 아이디어"와 "기본적인 아이디어가 고객에게 의미 있는 형태로 만들어진 것"라고도 하며, 결국 단순한 공상으로 끝내지 않는 것이 필요하다(주5). 이렇게 만들어진 콘셉트는 고객에게 있어 중요한 것은 당연한 것이며, 또한 상업공간의 기획에 종사하는 여러 역할부문이 하나가 되어 일련의 기획을 진행해 나감에 있어서도 공통언어로서 기획의 축이 어긋나지 않게 하기 위하여 중요한 역할을 다한다. 이 콘셉트와 연동해서(또는 피드백도 하면서) 디자인 콘셉트, 테넌트 믹스[역자주50] 이미지(Tenant Mix Image), CI 기본계획이 책정된다. 그리고 이것과 병행해서 건물의 볼륨 스터디, 점포구분(Zoning)이 행해지고, 건물의 대략이 보여짐과 동시에 사업기본계획이 책정된다.

2단계 기본계획

구상단계의 마케팅 믹스를 구체화하여 사업계획으로 확정하는 단계이다. 테넌트 믹스 이미지(Tenant Mix Image)부터 한발자국 나아가 진열하고 싶은 상품의 이미지(Image Tenant)의 구체적인 리스트를 작성하고, 이를 기반으로 테넌트업체(Tenant)에 귀를 기울임으로써 입주 분위기를 탐색함과 동시에 상품 측면에서 상품공간에 대한 요구를 공간디자인으로 피드백하여 테넌트업체의 디자인 룰 만들기 및 내장·환경, 건축의 기본설계를 한다. 이 시기에 공간디자인의 기본골격이 만들어진다. 이에 따라

---

50) 대형 상업 테넌트(백화점 쇼핑몰 등)가 고객의 특정 구매목적(방문목적)에 대응하기 위해 사용하는 상품, 매장의 구성방법

대략 테넌트조건(임대료), 공사예산 등도 명백해지고 사업계획으로 이들을 정리하게 된다.

3단계 실시계획 / 4단계 실시활동

3단계에서 중요한 것은 테넌트중개(Tenant Leasing)의 진척이다. 특히 핵심(Core)이 되는 테넌트업체와는 가능한 한 빠른 시일 내에 일정 계약을 체결하고, 사업계획의 불확정 요소를 감소시킴과 동시에 공간디자인에 큰 차질이 없는지 확인해야 한다. 또한 완성 후의 시설관리계획, 청소·보안계획 등 각종 운영관리계획을 실시계획 중심으로 충분하게 시뮬레이션을 하고 검토하는 것도 이 단계의 중요한 일이다. 완성 후의 운영관리의 잘잘못이 상업공간의 성공을 좌우하는 요인의 하나임을 명심해두어야 한다.

4단계는 건설기간에 해당하며, 개업을 향해 준비를 하는 것이다. 먼저 테넌트업체와의 영업체제를 만드는 것으로, 입주자회의 설립 등을 통하여 각종 영업시책을 개업에 맞추어 입주자와 하나가 되어 검토할 필요가 있다. 또한 이 기간의 입주자 내장공사와의 조정도 공간디자인의 최종마무리에 크게 영향을 미친다.

개업·운영

개업 후의 확실한 시설보수관리 등의 운영관리가 중요한 것은 말할 것도 없다. 한편, 주의해 두어야 할 사항은 상품으로서의 상업공간은 이러한 일상의 확실한 유지활동에도 불구하고 개업일부터 부진화가 시작되는 것이다. 즉, 제품의 수명(Life Cycle)문제이다. 이에 대해서 일반적으로는 ① 제품의 수정, ② 시장 또는 포지셔닝의 수정, ③ 마케팅 믹스의 수정 등의 방법으로 제품을 재활성화하거나 새로운 수명을 불어넣고 있다(Product Extension). 상업공간의 기획에 있어서 가장 본질적인 방법은 ① (물론 ②,

③의 방법도 활용하면서)이며, 요컨대 상업공간의 리뉴얼이다. 이전에는 10년, 20년 같은 업종·업태, 공간디자인으로 상업활동을 해온 사례가 많았다. 그러나 지금은, 예를 들면 패션 자체의 상업시설이면, 같은 업종·업태, 공간디자인에서의 경쟁력이 있는 영업은 5년 정도가 한계일 것이다. 그렇기 때문에 몰입의 크기와는 별도로 개업 후에도 0단계부터 4단계의 일정활동을 지속하고, 항상 새로운 상업공간으로 성장해 나갈 필요가 있다. 그리고 마케팅 환경의 정기적 분석과 사업경험으로 사업의 변화에 즉각 대응하여 공간디자인의 리뉴얼과 테넌트업체 교체(주6) 또는 업태변경을 실시하는 체제가 필요하다.

체제

그림 4는 일정 규모 이상의 쇼핑센터의 리뉴얼 추진체제의 사례이다. 그림 3에서 나타낸 역할분담이 거의 모두 체제도 속에서 볼 수 있다. 리뉴얼 규모, 또는 완전 신규개발이냐 등에 따라 체제의 규모와 조합에는 다양한 변화가 있다. 어쨌든 상업공간의 기획에는 4P의 역할이 복합적으로 존재하며, 이들이 하나가 되어 기능하는 것이 필요한 이유는 지금까지 말한 대로이며, 체제의 형태에 얽매이는 것보다도 역할의 부족함이 과하지 않는 분담과 역할간의 의사소통·의사결정이 순조롭게 행해지는 것이 중요하다.

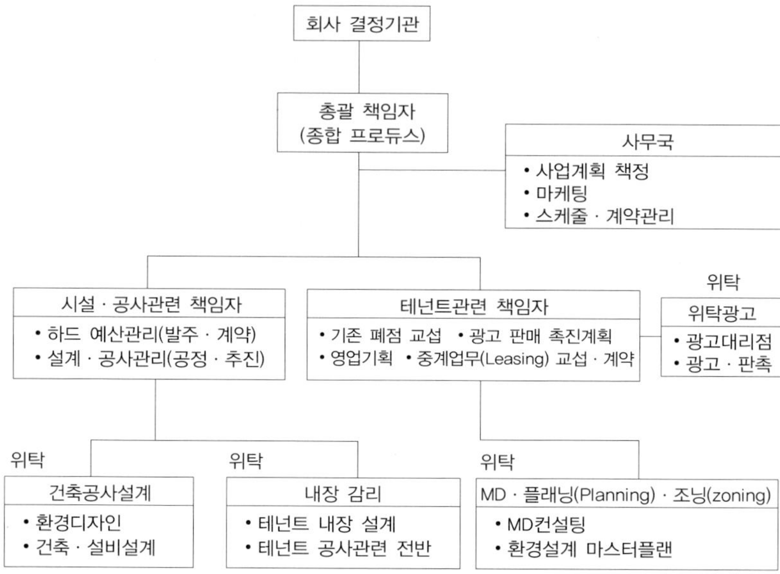

그림 4 리뉴얼 프로젝트 추진체제 예

주 1 마케팅의 목표로 필립 커틀러(Philip Kotler)는 3개의 단계를 들어서 아래와 같이 서술하고 있다. 그러나 엄밀하게 말하면 '상업상의 성공'을 그대로 마케팅의 목표로 하고 있는 것은 아니다.

(1) "마케팅은 자사제품의 소비를 최대화 하는 것이 목표이다" 그러나 마냥 팔리면 좋다는 견해는 소비자를 낭비로 이끌고, 이윽고 질리게 만든다.

(2) "마케팅은 고객의 만족을 최대화 하는 것이 목표이다" 그러나 단순하게 고객을 만족시키는 값어치 있는 물건을 계속 제조 · 공급하는 것은 동시에 공해라고 하는 모든 악을 낳게 되고, 소비자문제나 환경문제에 대한 배려가 결여되게 된다.

(3) "마케팅은 생활의 질 향상에 공헌하는 것이 목표이다" 그리고 최종적으로는 이 생각에 도달한다. 생활의 질은 욕구를 만족시키는 재물이나 서비스의 양과 질, 물질적 환경의 질, 문화적 환경의 질의 함수이다. 또한 이익은 여전히 사업성공을 가늠하는 잣대이지만 피터 드러커(Peter Ferdinand Drucker)도 말하듯, 이익은 사업의 부산물 중 하나로 목표가 아니다.(필립 커틀러 저『마케팅 매니지먼트』에서)

2 예를 들어 상품 자체의 기획을 중심으로 생각한 경우, 유통(Place)이나 프로모션(Promotion)이 더욱 크게 취급될 것이다.

3 일반적으로는 소비자가 제품에 대해 인지하고 흥미를 나타내는 단계에서는 광고가 상대적으로 효과적이며, 실제로 구매를 행하는 단계에서는 인간적인 판매가 유효하다고 하고 있다.

4 자주 인용되는 사례로 3M의 '포스트 잇'이 있다. 접착제를 만드는 회사가 접착력이 약한 제품을 역으로 이용한 사례이다.

5 '누가 콘셉트에 공감하는가', '누가 구매결정자인가' 등 일련의 설문에 대해서 답하는 콘셉트 테스트를 반복함으로써 보통 콘셉트는 좁혀지고 실제 사용에 견딜 수 있게 된다.

6 정기임대계약의 도입으로 예전에 비하여 입주자 교체가 비교적 쉬워지고, 매년 계획적으로 일정 비율의 입주자 교차 및 업태변경을 하는 쇼핑센터가 나타나고 있다.

7 『주간 다이아몬드』(와타나베켄스케(渡辺健介) '부자간에 늘리는 문제해결의 힘'), 2007년 8월 11 · 18일 합병호

8 마츠모토테루히사(松本晃尚), RIC DESIGN기획 감수 『상업공간 · 사람 · 가게 · 시가지 번창을 디자인하다』 헤이본샤(平凡社)

9 JR(Japan Railway)서 일본 『에키비루(駅美流)역자주51)』(하라시타코지(原品康二) '모두가 알 수 있는 리뉴얼에 대한 하드강습회') No.19 Summer, 2007년

—— **참/고/문/헌**

- 数江良一監修, 株式会社グロービス著『MBAマーケティング』ダイヤモンド社, 1997年
- グローゼス・マネジメント・インスティテュート著『MBAマネジメント・ブック』ダイヤモンド社, 2002年
- フイリツプ・コトラー著, 村田昭治監修, 小阪恕他訳『マーケテイング・マネジメント』プレジデント社, 1983年

51) '에키=역, 비루=아름다운 흐름(美流)'이라 써서 빌딩(Building)의 약자인 '비루(ビル)'와 겹친, JR(Japan Railway) 서일본 역빌딩연합회 회보지

'건축기획+프로젝트 매니지먼트'를 실천

하야시 야스코(林弥寿子)

◆건축기획으로서의 테마

보통, 사업주들의 업무영역은 사업기획과 운영관리부분이며 건축기획·계획설계·실시설계·시공공사 관리는 설계사무소나 종합건설업자(General Contractor)의 업무영역이다. 본 상업개발 프로젝트에서는 사업기획·운영·관리를 견고하게 연결 짓는 것을 목표로 하고, 그림 1에 나타낸 3가지를 과제로 인식하고 있었다. 거기에 사업주 내의 기술자가 프로젝트의 장면이나 필요에 부응해서 프로듀서, 디렉터, 코디네이터 역할을 담당하고, 각 파트의 담당자가 책임과 권한을 인식하여 동기부여를 높임으로써 업무를 추진할 수 있도록 하는 이념으로서, 구심성과 가변성을 겸비한 '건축기획'과 보다 좋은 문화성을 구축하면서 그것들을 실현으로 이끄는 리더십이 있는 '프로젝트 매니지먼트'가 중요하다고 생각하여, 그것들을 융합하는 것에 몰두하고 실천했다. 여기서는 '건축기획+프로젝트 매니지먼트'의 업무를 그림 2와 같이 설정했다.

◆콘셉트

Herbis ENT는 오사카 가든 시티(Osaka Garden City)의 Herbis OSAKA에

• 그릇으로서의 건축에서 탈피

운영 및 사용과 밀접하게 연결시킨 일체감의 중요성
문화 · 풍습 · 동기부여(Motivation) 형성 기회로서의 건축
다양한 가치화의 종합화와 복합화

• 사회적 배경

변화와 경쟁이 격심한 시대
공급량(Flow)에서 재고(Stock) 중시의 건축으로
저비용(Low Cost) 지상주의에 따른 여러 분야의 공동화

• 건축물의 특성

공동작업에 의해 완성되는 일품생산(一品生産)성
여러 모순, 설계 · 시공 · 각종 신청에 필요한 시간, 낮은 가능성
사업자로서의 다양한 사회적 책임

그림 1 프로젝트의 과제

이은 Ⅱ기 계획이다. Herbis OSAKA의 개발콘셉트인 '글로벌 · 비즈니스 · 콤플렉스 인간교류 도시의 실현'을 목표로 하고, 국제성, 정보성, 문화성이 넘치는 세계 수준의 도시를 만들기 위해, 이것을 복합시설(호텔, 오피스, 홀, 물품판매점, 음식점, 극장)로 실현시켰다. Ⅰ기 계획과 똑같이 건물 전체에 원경(遠景), 중경(中景), 근경(近景)을 의식한 계획적인 디자인을 하고, 다양한 장면이 서로 어우러져 울리는 도시 창조를 목표로 하고 있다. 찾아오는 사람이 주인공이 되는 '그림이 되는 정경(Scene)'을 무수히 만들어냄으로써 추억에 남는 환경을 만들고, Ⅰ기 계획의 48경(景)에 맞춰 '니시우메다(西梅田) 백경(百景)'을 완성시킨다. Herbis OSAKA가 사용승인하고 나서 Herbis ENT를 어떻게 만들어 가느냐에 대해서 한신(阪神)전철 내에서 다양한 검토가 이루어졌다. 최종적인 개발콘셉트를 그림 3에 나타낸다.

덧붙이자면 Herbis란 'Hanshin Electric Railway'의 앞 글자에서 딴 것으로, '그녀'라는 의미의 'HER'와 라틴어로 '도시'를 의미하는 'URBIS'를 조합한 조어로, 한신전철이 정성을 다해서 만드는 '21세기에 어울리는 도시', '여성에게 편안한 도시'를 표현하고 있다. ENT는 'ENTERTAINMENT'의 ENT이며, 도시의 입구를 나타내는 'ENTERANCE'와 '엔(縁-연)'을 맺다, '엔

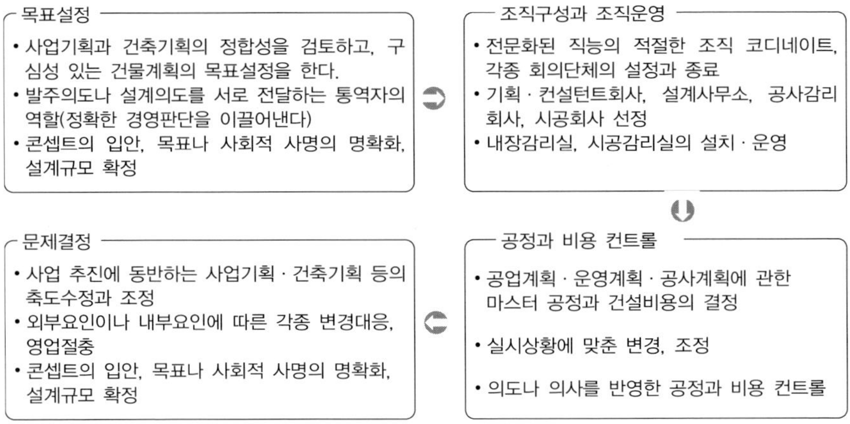

그림 2 건축기획 + 프로젝트 매니지먼트의 사고방식

(演-연)'주하다, '엔(宴-연)'회를 열다 라고 하는 도시를 찾아오는 사람들이 펼치는 장면의 'EN'에 '토(都-도시)'를 나타내는 'T'를 붙인 조어로, '대접하는 마음이 넘치는 도시'를 표현하고 있다.

◆경위

원래 이 주변은 JR(Japan Railway)의 컨테이너가 있고 그 구획정리사업의 일환으로 검토가 시작되었다. 현재 '오사카 가든 시티(Osaka Garden City)'라는 애칭으로 불리는 지역이다.

1979년에 국철총재가 니시우메다(西梅田)화물역 철거지의 이용계획 책정을 오사카 시장에게 협력을 요청한 것이 발단이 되어, 한신전철은 1983년에 니시우메다 개발실이 세워졌다. 1984년 4월에 오사카시 니시우메다 토지구획정리조합설립준비위원회가 발족, 1987년 8월에 일본 국유철도청산사업단, 한신 전기철도주식회사, 유키지루시(雪印)유업주식회사, 오사카시 경리국을 정회원으로 하는 니시우메다 지구개발협의회를 발족했다. 이후 1997년 3월에 Herbis OSAKA가 사용승인, 마침 이 시기에 Herbis ENT

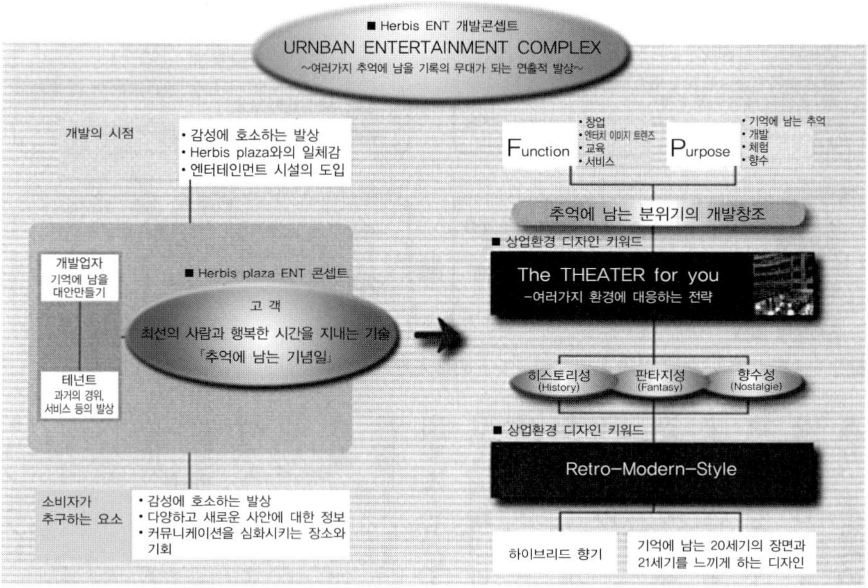

그림 3 Herbis ENT 개발 콘셉트

의 건축기획이 시작한다. 사용승인한 것은 2004년 11월로 약 3년의 시간이 걸렸다. 1983년의 니시우메다 개발실 설립으로부터 20여 년이 걸린 장기 프로젝트였다.

◆자금수지계획

Herbis ENT의 투자액은 약 400억 엔.

상업 존인 Herbis PLAZA ENT부분은 연간 약 200억 엔의 테넌트업체(Tenant) 매출을 예정하여 계획되었다.

◆계획단계의 특징

지금까지의 인테리어 디자인 계획은 건축을 주체로 하는 조직과 체제

건물 데이터

명　칭 : 우메다 한신 제2 빌딩 (애칭 Herbis ENT)
소재지 : 오사카부 오사카시 기타우메다(北梅田) 2-2-22
설계자 : 다케나카(竹中)공무점
주용도 : 상업시설 · 사무실
규　모 : 부지면적/약 9,600m², 바닥면적/약 107,000m², 층수/지하 4층, 지상 28층, 옥탑 2층
사업자 : 한신전기철도, 모치즈키(望月)건설(구분소유)
사용승인 : 2004년

그림 4 Herbis ENT 로고

속에서 종속적으로 골격의 조립이 이루어졌기 때문에 인테리어 디자인 담당자는 착임시기를 포함하여 구체적인 디자인 이미지 제안이 실시되는 것은 현장의 내장공사가 개시되는 직전이며, 계획 당초의 사내 결재시기나 테넌트업체 유치시기에 구체적인 인테리어 디자인 계획이 만들어지지 않은 경우가 많았다. Ⅱ기 계획에서는 기본설계와 병행하여 인테리어 디자인이 행해지고, 인테리어 디자인이 설계를 리드해 나가도록 프로젝트 추진을 도모했다.

상업 존에 한정된 사례는 아니지만 지구온난화 문제가 심각한 환경을 중시하는 시대배경 차원에서 설비설계에 관하여 소개하겠다.

Herbis ENT 설비설계의 키워드는 저비용 오퍼레이션(Low-cost Operation), 환경과의 공생, 순환형지속적 발전(Sustainable), 신뢰성, 안전성, 부가가치성, 오락성이다. 이 중 CO_2 소멸의 구체적인 설계수법으로 용수 · 빗물 속의 물이용시스템, 공조설비에 빙축열시스템이 도입되고 있다. 공조설비에는 열병합발전(Cogeneration)시스템도 도입되고 있으나, 열병합발전으로 발생하는 에너지는 전력에너지 약 35%, 열에너지 약 50%로 종합효율은 약 85%이다. 열에너지 비율이 높기 때문에 이 열에너지를 안정적으로 효과적으로 사용하는 것이 도입 포인트이다. 본 건물은 온수 수요가 적

그림 5 인테리어 디자인

기 때문에 공조열원으로 빙축열시스템을 도입하여 계약전력의 저하, 부가율의 향상, 야간전력 사용으로 유지비(Running Costs)를 크게 경감하고 있다.

◆실시단계의 특징

실시단계의 특징으로 상업 존의 내장(內裝)감리의 특징을 소개한다. 내장감리 업무란, 테넌트 믹스(Tenant Mix)형의 상업시설의 테넌트업체(Tenant) 점포의 설계・시공이 원활하게 추진되도록 건축・설비에 관한 테넌트업체의 점포공사와 본체 공사와의 접점조정을 하는 것 외에 공사구분이나 법규 등의 여러 조건에 맞도록 지도하는 등 각종 조정과 문제해결을 고려하고, 테넌트업체 점포를 본체 공사의 건축・설비와 함께 하나의 건물로 무사히 완성하도록 하는 코디네이트 업무이다. 몸체・외벽・기간설

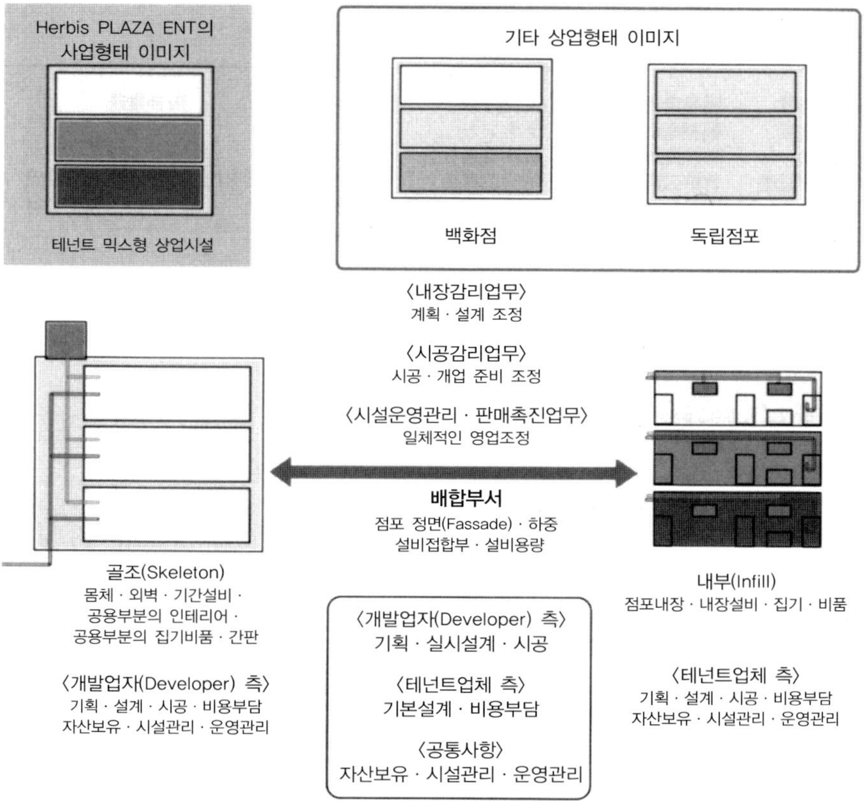

그림 6 Herbis ENT 상업 존 사업형태

비 · 공용부분의 인테리어 · 집기비품 · 간판 등의 골조(Skeleton)부분과 테넌트업체 점포의 내장 · 내장설비 · 집기 · 비품 등의 내부(Infill)부분을 어디까지를 골조로 인식하고, 어디까지를 내부로 인식하고 테넌트업체 점포로 인식하느냐가 일반적으로 공사구분표로 정리되어 있지만, 실제로는 굉장히 복잡하게 얽혀 있어서 이 경계점을 어디에 맞추는지가 건축기획이라 할 수 있다. 테넌트업체 점포가 실제로 설계에 착수하는 것은 정확히 시공 1년 전 정도로, 이미 본체 공사는 착수하고 있다.

표 1 Herbis ENT의 공사구분 정의

	A공사	B공사	C1공사	C2공사
종합관리	한신전철	한신전철	한신전철	한신전철
비용부담	한신전철	테넌트업체	테넌트업체	테넌트업체
발주자	한신전철	한신전철	테넌트업체	테넌트업체
설계 · 감리	다케나카 공무점	다케나카 공무점	테넌트업체지정회사	테넌트업체 지정회사
공사시공	건설 공동기업체	건설 공동기업체	당사 지정회사	테넌트업체 지정회사
자산의 귀속	한신전철	한신전철	테넌트업체	테넌트업체

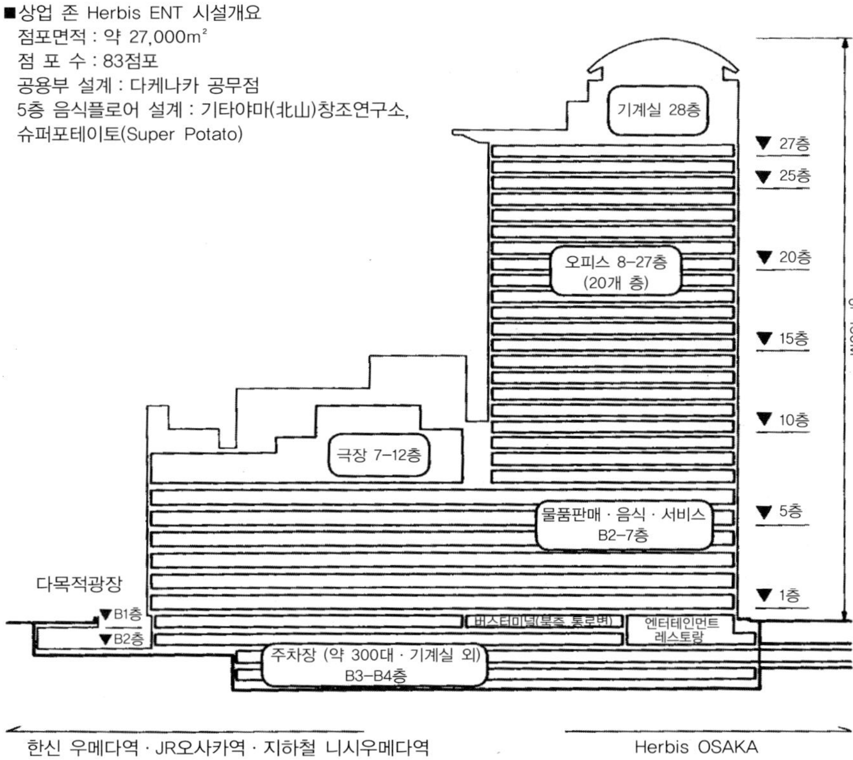

그림 7 Herbis ENT 상업 존 단면구성

그래서 본 계획에서는 기본적으로 골조 설명서로 점포구획 내의 B 및 C1공사의 발생을 적극 억제하도록 공사구분을 결정하고, 테넌트업체가 B공사의 비용총액을 쉽게 산정할 수 있도록 B공사 기준단가표를 작성하고, 늦더라도 테넌트업체 공사설계설명회 시점까지는 배포하도록 했다.

◆기획으로서의 평가 · 전망

장기간에 걸친 프로젝트이기 때문에 당초의 콘셉트와 통일감을 유지하면서 장래의 시대성을 예측하여 기획하기란 굉장히 어렵다. '어른들의 도시'라고 하는 콘셉트도 지금에야 귀에 익지만 당시로서는 그다지 많이 사용된 말이 아니었을 것이다. 계획 당시, '건축기획+프로젝트 매니지먼트'의 중요성에 착안하여 실천한 것은, 바로 현대의 주류로 크게 평가할 수 있다.

A Column

격동하는 상업환경에서 살아남는 건축의 지혜와 기술

라라스퀘어(LaLasquar) 욧카이치(四日市) / 다카이 히로유키(高井宏之)

최근의 저경제성장이나 차량 보급화(Motorization)의 진행, 소비자 행동 · 의식의 변화를 배경으로 지금까지 도시 변화의 중심적 역할을 맡아온 대규모 상업시설의 핵심점포가 철퇴하는 사례를 많이 볼 수 있다. 이들은 중심시가지의 쇠퇴를 가속시키면서 주변주민의 생활까지도 위협한다. 이어서 지역에 공헌하는 물품 판매기능의 존속도 포함한 건축의 효과적인 이용이 강하게 요구된다.

그러나 한번 철퇴한 점포는 이미 개업 시의 상업 잠재력(Potential)을 잃어버린 것이 많고, 그 후 업태나 용도 자체의 변경, 유휴화 · 재건축 등 다방면으로 길을 모색하고 있다[주1]. 또한 대규모 공간, 전 관(館) 집중형의 공조시스템, 개구부가 작은 외벽 등의 고유건축 특성에 의해 기존 공간과의 적합성이나 추가투자 및 채산성의 검토 등 리모델링 후의 건축기획에는 높은 역량이 요구된다.

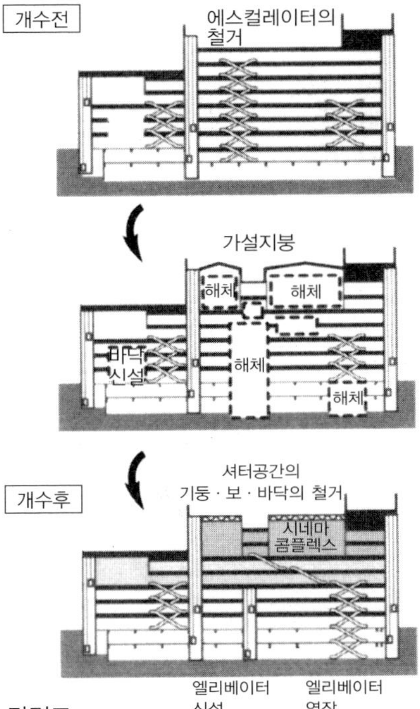

단면도

건물 데이터

명 칭 : 라라스퀘어 욧카이치
소재지 : 미에겐 요가시이지 안시마 1–3–31
개수설계감리 : 미츠이 스미토모 건설 일급건축사사무소
개수시공 : 미츠이 스미토모 건설
주용도 : 점포, 시네마콤플렉스, 유기자(호텔에 인접)
규 모 : 층수/SCR조 지하2층, 지상15층
사업소 : 미츠이시부동산
개수시공 : 2005년
(신축사용승인 : 1991년)

라라스퀘어 욧카이치 건물외관

구조체의 과감한 가변성에 따른 용도구성의 재편

본 사례는 상업복합빌딩 점포인 백화점의 철퇴 후 건물 전체의 용도구성의 재편을 대규모로 행한 사례이다. 특히 주목할 점은 행정과 건물소유자가 중심시가지 활성화를 목표로 일치 협력하여 용도나 동선의 변경을 구조체의 과감한 가변성을 고려하여 계획한 점이며 건축의 하드(hard)기술 활용도 시야에 넣은 효과적인 이용수법의 가능성을 나타내는 뛰어난 사례로 평가받고 있다.

종래의 계획개요와 핵심점포 철퇴의 경위

인구 약 30만의 지방핵심도시에 입지한 본 사례는 1991년에 역 앞 재개발사업으로 사용승인이 시작되었다. 핵심점포는 시의 두 번째 백화점으로 개업했으나, 불과 10년 후에 나고야(名古屋)역 앞 백화점 개업 영향, 그리고 해당 점포 전개 전략의 일환에 의해 철퇴했다. 이를 받아들여 건물소유자는 시설의 리뉴얼과 재개계획에 착수했다.

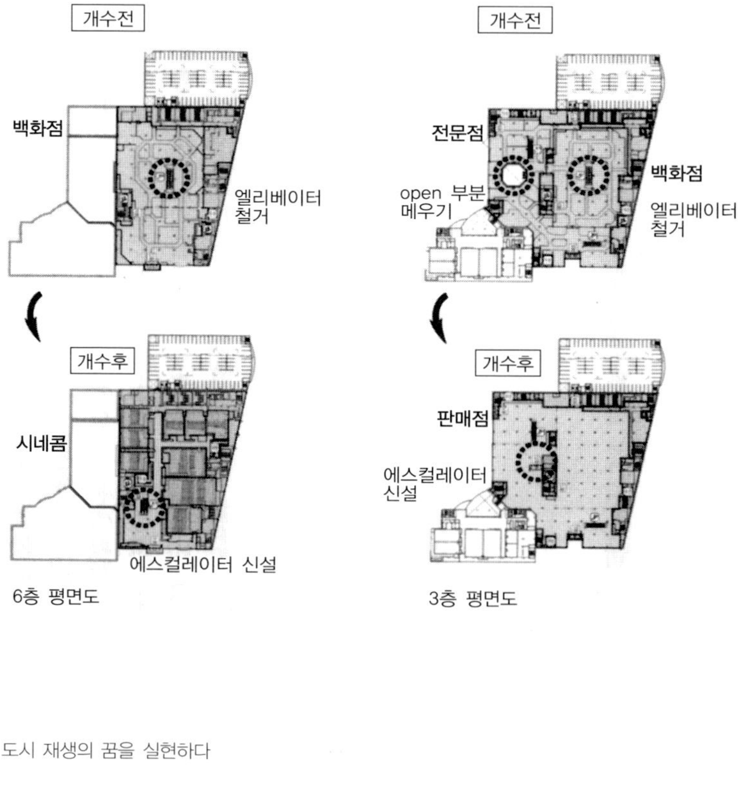

6층 평면도 3층 평면도

업태변경과 잉여공간 이용 그리고 시네콤(CineCom-Cinema Complex)

대규모 백화점의 후속 점포를 찾기는 쉽지 않았고, 역 이용객 및 지역주민을 대상으로 한 중형 슈퍼와 중심시가지로의 젊은 층 확보까지 고려한 시네콤(CineCom-Cinema Complex)이 핵심용도로 계획되었다. 구조면에서는 시네콤이 필요로 하는 기둥이 없는 대공간을 상층부의 SRC(Steel Reinforced Concrete)조의 구조체 철거와 철골조의 지붕 신설이라고 하는 과감한 발상으로 실현하였다. 실제 시네콤 실현을 위해 기둥 30개, 대들보 98개 및 거기에 따른 바닥과 작은 보가 철거되어 하층부의 구조체 변경을 포함하여 현행법규에 따라 구조의 안전성이 확인되었다.

피난계획의 재검토

대규모적인 용도구성의 재편은 엘리베이터나 에스컬레이터의 세로동선계획의 재검토도 필요했다. 또 시네콤의 위치는 피난계획과도 깊게 연관되고 있어서 기존의 계단을 이용하는 것을 전제로 시네콤 내부의 평면계획이 행해졌다. 이처럼 건축의 하드면까지 포함된 주도면밀한 검토하에 건축의 '재기획'이 이루어졌다.

'유니버설 건축' 모델로의 기대

대규모 상업시설을 둘러싼 환경, 그리고 법 제도는 격변하고 있다. 그 중에서 현재 이 빌딩타입은 가장 사회적 수명이 짧은 것으로 지정되어, 특히 교외 입지의 최저비용, 즉 일회용 건축이 기본화 되고 있다. 그러나 지속가능(Sustainable)한 사회나 건축이 지향되는 지금, 상업시설만이 그 대상에서 벗어날 리가 없다. 오히려 상업시설이야 말로 변화하는 사회나 요구에 유연하게 대응하고 지역에 공헌해 나갈 수 있는 '유니버설 건축'이 지향되어야 할 것이다. 그 검토과정 속에서 본 사례에서 소개한 것 같은 관민의 제휴에 의한 지혜나 기술이 더욱 키워지고 완성도 높은 모델이 형성될 것이 기대된다.

주 1 다카이히로유키 '폐쇄시설의 특성과 현재의 이용상황-폐쇄된 대규모 점포를 포함하는 상업시설의 효과적인 이용에 관한 연구' 일본건축학회 계획계 논문집, 619호, 49~54쪽, 2007년

B Column

사용하기 편안함과 안락함으로 새로운 역공간

ecute시나가와(品川) / 하시모토 노리후미(橋本範文)

ecute시나가와의 개발은 JR(Japan Railway) 히가시니혼(東日本)이 역 전체를 계획, 점포운영자인 JR히가시니혼 스테이션 리테일링(Station Retailing)이 점포계획과 전체 환경계획에 착수하여 JR히가시니혼과 그 그룹회사가 하나가 되어 에키나카 개발을 실현했다. ecute시나가와는 ecute오미야(大宮)(2005년 3월 개업)에 이은 2호점으로 현재는 ecute다치카와(立川)(2007년 10월 개업)가 개업하여 소규모 점포를 제외하면 대형점으로 3개 점포를 운영하고 있다.

개발 경위

점포운영자인 JR히가시니혼 스테이션 리테일링은 '역 구내개발 소매업'이라고 하는 새로운 사업기획(Business Scheme)을 내놓고, JR히가시니혼에 의해 정비된 역 중앙광장부분[역부공사]과 JR히가시니혼 스테이션 리테일링에 의해 정비된 점포부분[A공사 · B공사 · C공사]을 함께 개발함으로써 역 전체를 하나의 공간으로 하여, 역을 이용하는 고객에게 쾌적한 에키나카 공간을 제공하는 것을 목적으로 했다.

역 구내에 있는 ecute입구

점포 개발에는 점포 공용부분[A공사], 설비공사[B공사], 점포 내장조작공사[C공사] 모두를 JR히가시니 혼스테이션 리테일링이 사업주체가 되어 동 회사에서 발주 · 감리를 맡아 종합적인 개발을 가능하게 했다.

이러한 사업기획 속에서 JR히가시니혼 스테이션 리테일링은 중개업무(Leasing) · 운영계획을 담당하는 MD(Merchandising)팀과 환경디자인 · 설비계획을 담당하는 SD(Store Design)팀이 축이 되어 개발을 추진했다.

콘셉트

① 스토어 콘셉트의 책정

'프리미엄 프라이빗' 시나가와역의 주 이용자 층인 20~30대 비즈니스맨 · 비즈니스우먼을 핵심타깃으로 쾌적하게 프라이빗 타임을 즐길 수 있는 MD를 전개하고 있다.

② 환경디자인 책정

'J-Style Terrace' 많은 사람들이 교차하는 역에서 자연이나 시간의 변화를 느낄 수 있는 장소를 역의 테라스 공간으로 잡고, 시나가와라고 하는 역사가 있는 장소에 유래하는 일본 고유의 감성을 현대풍으로 어레인지한 환경을 콘셉트로 했다.

'J-Style Terrace'의 <J>는 Japan~ 세련된 일본 고유의 스타일, Jolly~ 즐거움, 기분 좋음을 추구하는 스타일, Junction에서 문화와 시대가 교차하는 스타일을 표현하고, 역에 있다는 사실을 잊게 하는, 아침부터 저녁까지 즐길 수 있는 테라스 공간을 실현했다.

이 환경디자인은 역과 점포의 일체공간을 정비 · 디자인에 몰두함에 있어서의 공통 키워드로써, 역 중앙광장이나 점포 공용통로나 점포 내의 인테리어 디자인에 이르기까지 마무리나 디테일 · 조명계획을 결정할 때의 중요한 요소가 되었다.

C Column

함께 즐기면서 피곤을 풀 수 있는 장소

족탕 / 다나카 나오토(田中直人)

일본인은 목욕을 좋아하는 민족이라고 불리며, 독특한 목욕문화가 있다. '온천에 들어가고 싶어서' 그래서 멀리까지 간다고 하는 등 특별한 매력을 느끼는 팬도 많다. 최근에는 옛 목욕탕을 대신하여 욕실 이외의 공간(휴게소나 음식점, 마사지 등)이 충실하고, 레저감각으로 방문하는 건강랜드나 쿠어하우스(Kurhaus)[역자주52], 슈퍼목욕탕[역자주53] 등이 생겨나고 있다. 온천에는 일상의 즐거움만이 아닌 보다 비일상적인 즐거움을 추구하게 되었다.

그런 가운데 주목을 끄는 것이 족탕이다. 족탕의 역사는 정확하진 않지만 에도시대, 가로변의 여인숙에서 여행객의 피로를 풀기 위해서 만들어지거나 각기병의 치료용으로 전국에 몇 군데 있었다고 한다. 1908년 발행의 일본 초기의 간호서 『실지간호법』에는 '족욕은 (전신에 비해) 어떠한 환자라도 해가 되지 않습니다'라고 소개되고 있다.

족탕이란, 발만을 온천에 입욕하기 위한 욕조 및 그것이 설치된 장소를 말한다. 복사뼈보다 조금 위에까지 탕에 담가서 몸을 덥히고, 전신의 혈도를 좋게 하고, 체내의 노폐물 대사를 높이는 건강법이다. 발한작용에 의해 체내의 불순물도 배설된다. 최근에는 옷을 입은 채로 간단하게 들어갈 수 있으며, 많은 사람들이 어깨를 나란히 하여 왁자지껄 즐김으로써 도시의 활성화에도 이어진다. 온천지나 관광지 외에도 공항, 카페, 선술집 등에서도 족탕이 설치되어 수요가 늘고 있다. 족탕의 실태와 족탕에 요구되는 것을 명확하게 하고 이후 그것을 공간에 실현하는 것이 중요하다. 서민의 커뮤니티의 장이었던 목욕탕은 이용자나 목욕탕 수가 감소하는 경향이지만 더욱 마음 편하고 안전 쾌적하게 이용할 수 있는 족탕을 커뮤니티의 장이나 피로를 푸는 곳, 편하게 쉴 수 있는 장소로 이용해가는 기획에 주목하고 싶다.

---

52) 온천에 설치된 보양소. 많은 입욕시설과 스포츠시설을 겸비하여 전문가 지도하에 건강증진을 도모

53) 일본의 대중목욕탕의 하나. 본래의 목욕기능 외에 노천탕, 각종 아이템탕, 싸우나 등 부가적인 목욕시설을 겸비하고, 게다가 외식 등의 각종 시설 및 점포를 갖춘 대중목욕탕을 가리킴.

이용자가 마음 편하게 족탕을 즐긴다[아리마(有馬)온천]

넓은 족탕공간[아타미(熱海)역 앞]

—— 참/고/문/헌

- 辻淑良, 田中直人「足湯利用者の実態と年齢ごとに見た求められる要素-阪神エリアにおける足湯の事例調査」日本建築学会大会学術講演梗概集, 2008年

5 라이프스타일 · 라이프스테이지의 다양화와 '가족'의 변화

우에노 겐쥬로오 · 우에노 유우코(植野源十郎 · 上野祐子)

일본은 고성숙화시대를 맞이하여 인구감소, 소자녀화, 고령화 등의 급격한 변화에 따라 개인의 라이프스타일이나 가치관이 크게 바뀌고 있다.

원래 라이프스타일의 정의, 또는 라이프스타일을 결정하는 항목의 축으로는 ① 개인의 가족관이나 인생관, 종교관이라고 하는 '생활의식(생활철학)', ② 개인이 소속하는 원단위인 가족구성, 주거, 생활기반의 입지, 생활시간, 소득수준이나 자산이라고 하는 '생활양식, 생활수준', ③ 일이나 가사, 레저, 취미, 스포츠, 소비행동이라고 하는 '생활관심 영역', ④개인의 지성이나 아이덴티티, 성격 · 기질이라고 하는 '개인의 성격', 나아가서는 ⑤ 개인이 생활을 영위하는 사회를 형성하는 기후 · 풍토나 경기, 사회제도, 사회풍조, 사회기반 인프라라고 하는 '사회환경', ⑥ 노동관이라는 것을 포함한 '노동문제' 등도 넓은 의미에서는 라이프스타일을 규정하는 항목의 축이라고 생각할 수 있다(그림 1).

이러한 관점에서 개인의 라이프스타일을 생각할 경우, 먼저 사회의 기초단위인 '가족'의 형태가 변화하기 시작하고 있다. 가장제도를 기반으로 성립하고 있던 아이가 부모의 노후를 돌본다고 하는 의식이 희박해짐으로써 가족의 실상이나 고령자 개호(介護)를 지역이나 타인에게 맡기는 사회가 생겨나고, 크게 질적으로 변화하고 있다(그림 2).

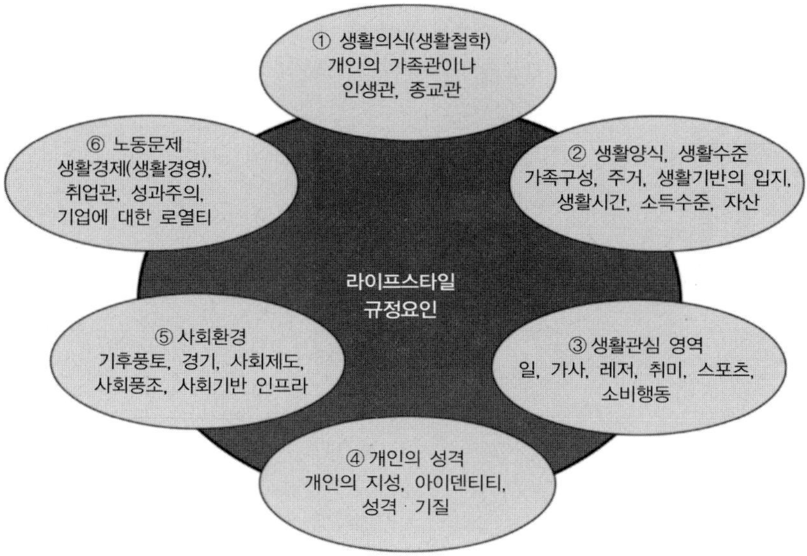

그림 1 라이프스타일을 규정하는 요인

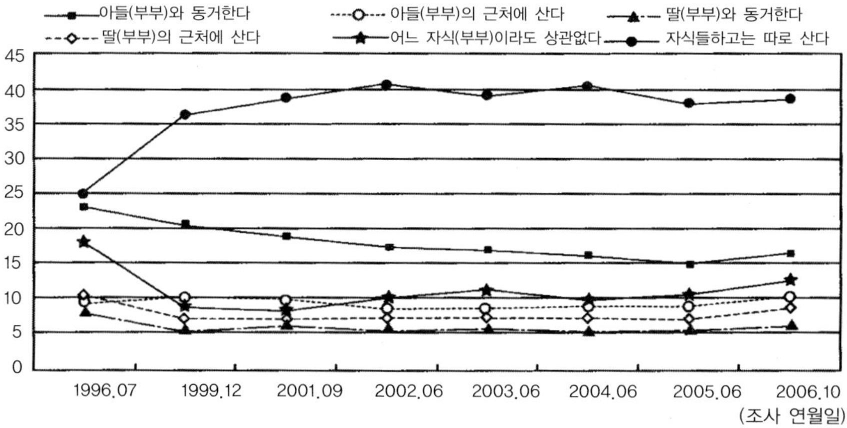

그림 2 노후는 누구와 사는 것이 좋은가

또한 소자녀화, 핵가족화, 1인 세대의 증가에 의해 지역과의 연결도 희박해지고 아이들 간의 교류 기회가 감소하고, 더불어 과보호에 의해 아이들의 사회성이 떨어지는 등 아이들 자신의 건전한 성장이 저해되는 요인이 급속하게 증가하고 있어서 성인 아이(Adult Children) 등의 출현도 볼 수 있다. 이러한 시점에서 앞으로 가족과 지역사회의 새로운 관계가 구축될 것이 요구된다.

라이프스타일의 변화 - '결혼관', '생활관'의 변화

나아가서는 결혼에 대한 의식이나 생각도 크게 변했다. 독신자의 결혼관이나 의식이 크게 바뀌어 미혼율의 상승, 비결혼화의 추세이다. 결혼을 늦게 하는 경향이 두드러지고, 그에 따른 출산이 늦어지는 경향도 서서히 진전되고 있다. 그러한 반면에 이혼율, 재혼율이 상승하고 부자가정, 모자가정, 싱글맘이 증가하는 등의 경향도 자주 볼 수 있게 되었다(그림 3).

이 배경에는 여성의 고학력화, 사회진출에 따른 여성의 경제적, 사회적 자립 등의 영향이라고 볼 수 있다. 그러나 현실문제로는 다자녀 출산이나 자녀육성에 대한 경제적, 심리적, 환경적 부담감의 증가가 큰 과제가 되고 있다. 심지어 가정과 지역의 구조가 변하고 있는 가운데 세대나 가족과 지역커뮤니티와의 관여방법이 크게 변화하고 있어서, 그것이 저출산 고령사회의 형태에 적지 않게 영향을 미치고 있다. 즉, 핵가족화의 진행과 함께 지역행사나 지역활동과의 연계가 약해지고 지역의 자녀 육성능력이 소실되어 가고 있다.

이와 같이 가정 내에서도 소수가족화나 외동 자녀세대가 증가하고, 결과적으로 가정에서의 자녀 육성능력이 저하하고 있다. 한편으로는 이러한 현상 속에서 신흥주택가나 노포(老舗)상점가 등에서 새롭게 상점 활성화나 지역 만들기라고 하는 몰입이 이루어지고 있으며, 지역커뮤니티의 재생이나 역할의 재검토가 이루어지고 있다.

연차	남성		여성	
	생애 미혼율(%)	초혼 연령(세)	생애 미혼율(%)	초혼 연령(세)
1950	1.46	26.21	1.35	23.60
1960	1.26	27.44	1.87	24.96
1970	1.70	27.47	3.33	24.65
1975	2.12	27.65	4.32	24.48
1980	2.60	28.67	4.45	25.11
1985	3.89	29.57	4.32	25.84
1990	5.57	30.35	4.33	26.87
1995	8.99	30.68	5.10	27.69
2000	12.57	30.81	5.82	28.58

자료 : 국립사회보장 · 인구문제연구소 '인구통계자료집'(2004년)
총무청 통계국 『국세조사보고』 에 따른 산출. SMAM(Singulate Mean Age at Marriage)는 정태통계의 연령별 미혼율에서 계산하는 결혼연령이며, 다음 공식에 따라 계산한다. SMAM(Σ C_X − 50 · S). 단, C_X는 연령별 미혼율, S는 생애미혼율이다. 생애 미혼율은, 45~49세와 50~54세 미혼율의 평균치이며, 50세 시의 미혼율을 나타낸다.

그림 3 생애 미혼율과 초혼 연령

고령 단독세대의 급격한 증가

저출산 고령사회에 밀접한 관계를 갖는 요소로 총 인구수와 세대수 증가와 관계가 있다.

전후의 경제부흥 · 발전 붐 속에서 1차 산업이 급속하게 쇠퇴하고, 대신하여 2차 산업, 3차 산업에 종사하는 근로세대의 증가나 주택 사정도 영향을 미쳐 대가족제도가 서서히 붕괴하고 핵가족화, 단독세대의 증가가 진전하기 시작했다. 또한 장수화의 진전과 함께 고령자의 증가에 따른 고령 단독세대의 증가도 큰 문제가 되고 있다.

국립사회보장 · 인구문제연구소의 추계에 따르면 일본의 총인구는 2006년의 1억 2,774만 명을 피크로, 이후 감소추세로 전환했다고 되어 있다. 이에 비해서 일반세대 총 수는 2000년의 4,678만 세대에서 2015년의 5,048만 세대까지 증가가 계속된다. 즉, 일반 총 세대수는 총 인구보다 약 10년 늦게 감소로 전환된다. 그래도 2025년의 일반세대 총 수는 4,964만 세대로 2000년보다 286만세대가 많다. 인구감소 국면에 들어서도 세대수가 증가를 계속하는 것은 세대 규모의 축소가 계속되는 것을 의미한다. 일반세대의 평균 세대인원은 2000년의 2.67명에서 2025년의 2.37명까지 감소가 계속된다(그림 4, 5).

그리고 그 증가하는 세대 수의 내역을 보면, 증가하는 것은 '단독세대', '부부만의 세대', '한 부모와 자식으로 형성된 세대'이며, 감소하는 것은 '부부와 자녀에서 형성되는 세대', '기타 일반세대'이다. '단독세대는'는 2000년의 1,291만 세대에서 증가를 계속하여 일반세대 총 수가 감소로 전환하는 2016년 이후에도 증가는 멈추지 않고, 2025년에는 현재보다 425만 세대가 늘어 전체에서 34.6%를 차지하게 되고, 2007년 이후에는 '단독세대'가 가장 많은 세대 유형이 된다고 예상된다.

다음으로 세대주 연령으로 보면, 세대주가 75세 이상인 세대는 2000년의 394만 세대에서 2025년에는 1,039만 세대로 실로 2.64배 증가된다고 보여진다. 추가로는 세대주가 75세 이상의 세대에서는 그 사이 25년에 '단독세대'가 3.03배에 달한다고 추계된다.

즉, 고령사회는 고령단신자세대가 두드러지게 증가하는 사회라는 것을 시사하고 있다.

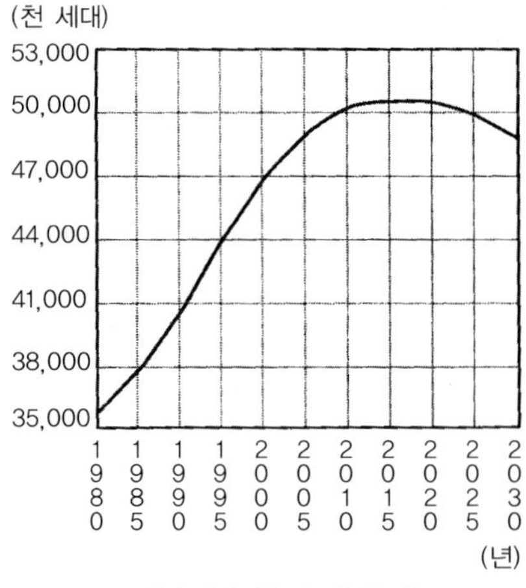

그림 4 일반세대 총 수의 추이도

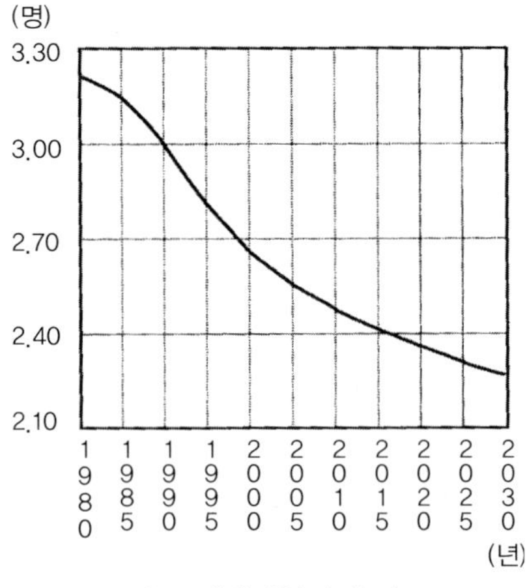

그림 5 평균 세대인원의 추이도

급속한 저출산 고령화사회와 주택문제

일본은 선진국 중에서도 주목할 만한 급속한 저출산 고령사회를 맞이하고 있다.

'주택'의 관점에서 보면, 종래에 독신・신혼시대의 아파트・기숙사생활부터 시작해서 자식이 태어나는 시기의 임대주택, 자녀육성 시기의 분양집합주택에서 교외 단독주택으로 라고 하는 '주택 수고로쿠(双六)'에 따른 흐름이 중심이었던 것이 땅값 상승이나 근로빈곤층(Working Poor)의 증가에 대표되는 고용・취업형태의 변질 등에 의해 수고로쿠의 달성을 포기하거나 선택하지 않는 층이 출현하기 시작했다.

한편으로 주택을 선정하는 기준도 자녀가 유아기에는 교육환경 중시형이었던 것이, 자녀가 따로 세대화한 이후에는 부부생활을 중심으로 생각하여 편의성과 안전성을 중시하게 되는 등 가족환경・라이프스테이지의 변화와 함께 바뀌기 시작하고 있다. 또 다산시대에 비하여 양육기간도 짧아져서 그만큼 자녀가 성인이 되고도 자녀와 떨어지지 못하는 부모도 생겨 동거를 연장하는 경향도 있어 여성 2세대 가족화 등의 현상이 나타나기 시작했다.

또한 종래의 단독주택을 갖는 것=자산형성=인생 최대의 쇼핑이라는 의식이 강했던 시대에서 라이프스타일의 다양화나 가치관의 변화 등에 의해 그러한 의식이 약해지고, 반드시 교외의 단독주택이나 자기 집을 마련하여 마지막 거처로 한다는 생각을 갖지 않는 층이 늘고 있다. 오히려, 가족이나 자신의 라이프스테이지에 맞춰 크게 변화하는 '추구하는 환경조건과 안전성, 편의성, 주거성에 대응한 주택형태'를 선택하면서 주거를 바꿔나가는 스타일로 변화하기 시작했다. 라이프스테이지나 가족구성・가족수, 연령에 따라 유연하게 주택을 선택하고 바꿔나가는 것이 각 라이프스테이지의 거주성을 높이고 이상적인 삶의 절대조건이 되어가고 있다.

한편으로, 구입 기준도 종래의 것과는 다른 기준으로 거주지나 주택을

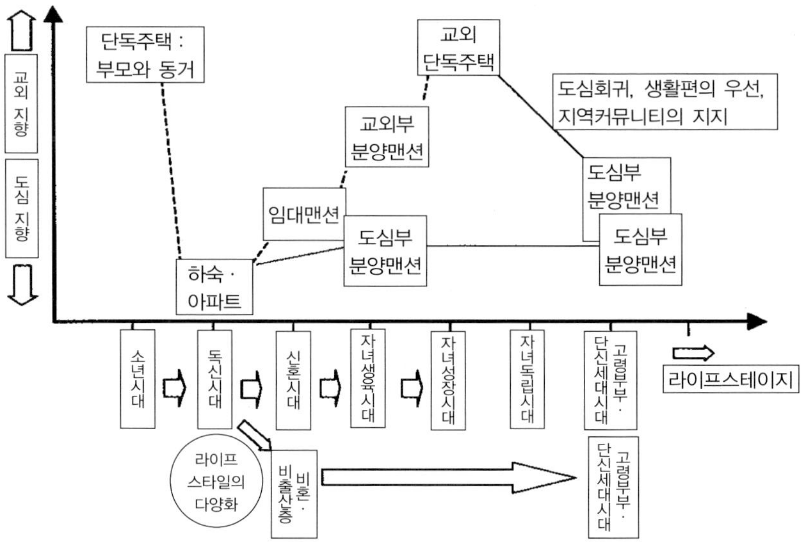

그림 6 라이프스테이지와 주택형태의 변화

선택하기 시작하고 있다. 즉, 고령자, 특히 건강한 고령자, 자립의식이 높은 고령자일수록 자신의 생활편의나 안전을 가장 중요한 기준으로 하므로, 젊은 세대에게 인기가 높은 언덕 위에 있는 경치가 좋은 주택지는 고령자에게는 불편하기만 한 입지이고, 오히려 인근 상업시설이나 의료시설이 밀집된 도심이나 역 앞이라고 하는 입지의 주택이 가장 살기 편한 주택이 된다.

그 결과, 일찍이 도심부의 집합주택에 거주하다 바라던 교외 단독주택에 거주해온 고령자가 도심 역 앞 등으로 다시 이사하는 경우가 눈에 띄기 시작하고 있다. 바로 도시 중심부의 고령자 생활 수요에 대응한 주택환경이나 '도시의 거주성'이 요구되는 시대에 들어섰다고 할 수 있다. 그러한 관점에서 현재의 도심부의 생활환경 · 거주성에 대해 애당초 거주(=주거)에 요구되는 환경이 정비되어 있다고는 말하기 어렵다. 게다가 그 정비를 위해서는 주택의 질만이 아닌 지역사회의 재편성이나 행정서비스의 재검토, 지역 비즈니스 등과 밀접한 관계를 갖는 생활환경 정비가 요구된다.

일본인의 '집이나 가족'에 대한 이러한 생각이나 의식변화는 고령층의 도심회귀라는 형태로 이미 나타나기 시작했다. 단카이세대의 은퇴시대에 돌입하면서 한층 더 그 움직임에 박차가 가해질 것이 예상된다(그림 6).

생활리스크의 증대

최근, 생활자의 생활영역이나 직장영역이 글로벌화 하여 생활양상은 크게 세계로 넓어지고 있다. 생활환경 측면에서 보면 '식・주・소비・놀이・학(습)・창(조)' 등 개인의 모든 생활 장면의 영위가 국내만으로는 완결되지 않고, 중국이나 동남아 속에서의 일본의 위상이 크게 변화하고 있다. 재료나 상품의 생산・유통거점도 글로벌화가 진행되고 일본의 식료 자급률은 39%로 하락하고, 향후의 식량문제는 심각하다.

생활스테이지의 글로벌화와 함께 해외에서의 노동력 인구도 증대하고 있다. 한편, 저출산에 의해 젊은 노동력을 기대할 수 없는 인구구성 속에서 국내의 노동력 인구가 차지하는 65세 이상 노동인구가 2000년에는 7.3%였던 것이 2006년에는 7.8%를 차지하고 있어서 앞으로도 계속 증가할 것으로 예상되어, 인구감소 속에서 고령자의 실질노동력에 의존하는 사회가 다가오고 있다. 향후 새로운 지속적 순환형 사회생활시스템이 요구된다(그림 7).

고령사회의 도래는 고령자의 생활리스크 문제를 빼놓고는 생각할 수 없다. 나라나 지방자치단체의 재정상황은 심각하고 복지시설, 개호시설 등의 운영주체는 종래의 관 주도에서 민간 주도로 이동하기 시작했다. 또 현재의 사회보장제도의 막다른 형태에서 앞으로의 사회보장제도나 지역사회시스템이 크게 변할 것이 예상된다.

한편, 국민소득에 대해서는 지금까지 중류 의식층이 두터운 것이 일본

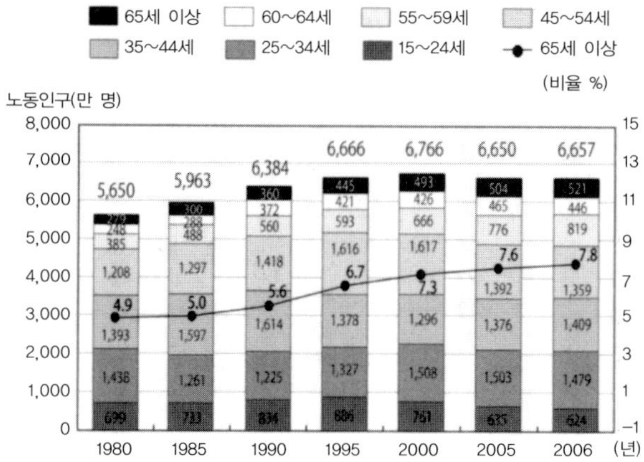

자료 : 총무청 '노동력조사'

(주) '노동력인구'란 15세 이상 인구 중 취업자와 완전실업자를 합친 것을 말함.

그림 7 노동인구

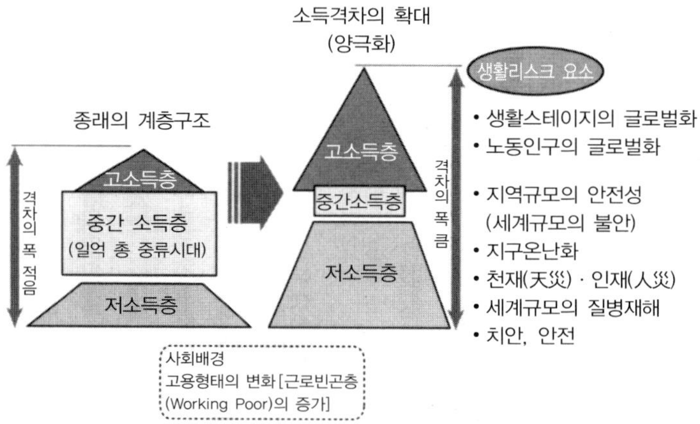

그림 8 생활리스크의 증대

사회의 특징이며, 1억 인구가 총체적으로 중류(일본의 국민 90%가 중산층이라는 의식)라고 말해 왔으나, 지금은 실제로 느끼는 생활 소득격차는 확대되어 부유층과 저소득층의 양극화가 급속하게 나타나게 되었다. 이 현상은 도시・지방을 따지지 않고 고용형태의 변화 등에 의해 떠오른 근로빈곤층(Working Poor) 문제도 당초에는 일부 젊은 세대에 한정된 문제로 주목되었지만, 장년세대, 노년세대를 포함해서 가장 폭넓은 층으로 퍼져가고 있다(그림 8).

더불어 범죄검거율의 저하문제나 지역생활 면에서의 안심・안전・치안의 확보도 긴요한 과제이다. 또한 지구온난화를 포함한 환경문제나 지구규모의 대재해・강력한 전염병 등의 문제도 봉급생활자에게 큰 위협으로 일상적으로 자각하게 되었다.

지역교류형 방송회관

기다 아야코(木多彩子)

◆개요

여기서는 2005년 1월 17일에 개국한 NHK고베 신 방송회관에 대해 언급하겠다. 한신(阪神)・아와지(淡路)대진재에서 재해를 입은 구 NHK고베 방송회관은 나카야마테(中山手) 토어로드(Tor Road)역자주54)의 심벌로 지역 주민에게 사랑 받는 존재였다. 그 철거지에 재건된 이 건물은 지역방송국이 담당하는 지역에 정보서비스의 제공과 본격적인 디지털방송시대를 향한 프로그램 제작을 시작으로 하는 사무업무를 하기 위한 공간이다. 고베의 부흥을 상징하고, 재해 후 10년째를 맞이하는 날에 새로운 고베 방송회관에서 방송을 내보내는 것을 최대의 목표로 진행되었다.

◆건축기획으로서의 테마

이 프로젝트는 3개의 테마를 가지고 기획되었다. 첫째는 한신・아와지 대진재를 체험하고, 그 정보를 보다 빠르게 전국과 전 세계에 발신한 긴급보도 거점활동의 경험을 바탕으로 재해방지에 대한 의식 있는 방송회관의 실현이다. 둘째는 방송의 다채널화나 기타 미디어정보와의 교류가 이

54) 효고현 고베에 위치한 고베를 대표하는 번화가

건물 데이터
명　칭 : NHK고베 신 방송회관
소재지 : 효고(兵庫)현 고베시 츄오(中央)구 나카야마테도리(中山手通) 2
설계자 : 오바야시구미(大林組) · 니혼(日本)설계 · 이치켄특정건설공사 설계
용　도 : 방송국
규　모 : 부지면적/2,472m^2, 바닥면적/5,226m^2, 층수/철골조 지상 3층
사업자 : NHK(방송협회)
사용승인 : 2004년

루어지는 가운데 기능성, 안전성, 신뢰성이 높은 시설이다. 동시에 지역에 뿌리내린 방송 역할의 가능성과 중요성에 대응할 수 있는 방송회관이 되는 점이다. 그리고 셋째는 항구도시 고베에 어울리는 아이덴티티를 갖는 외관디자인으로, 인근의 기타노(北野)지구와 조화를 이룬 환경을 제공하는 것이다.

◆콘셉트

건물 디자인은 '영구성 있는 디자인'을 콘셉트로 하고 항구도시 고베에 어울리는 느긋하고 섬세한 디자인, 언덕 마을에 융화되고 넓게 뻗어나갈 수 있는 디자인, 기타노 경계의 세밀한 구조에 호응한 저층 디자인, 그리고 신세대의 방송국에 어울리는 선명하고 신선한 디자인의 4개 항목으로 집약된다.

구체적으로는 국제도시 고베의 역사와 문화에 물든 나카야마테 토어로드에 입지하는 방송국을 고려한 방법으로서, 기타노의 이진칸(異人館)으로 이어지는 모던한 문화와 고베의 역사가 뒤섞인 교류의 공간을 형성하고 만남과 창조의 장이 되는 시청자 광장을 계획했다. 토어로드에 마주한 외부공간은 인근의 기타노 지구의 공간구성, 소재, 배색을 답습하고 있고,

사진 1　NHK고베 신 방송회관 남면(방향)

이 공간은 시민참가나 공개의 거점이 되는 시청자 광장으로 이어져 있다. 시청자 광장은 이른바 길거리 광장으로 일반에게 공개되어 있어서, 다채로운 이벤트가 가능한 스튜디오・토어로드, 옥외스테이지로도 이용할 수 있는 오픈가든, 부지의 높이 차를 이용한 길거리 카페, 지역방송국의 정보 서비스공간・정보공방, 융통성(Flexible) 있게 이용할 수 있는 이벤트 공간의 5개 존으로 구성되어 있다. 외관 디자인은 고베의 이미지를 표현하는 선명하고 신선한 것으로 하고, 방송국 특유의 미디어 스크린과 철탑의 디자인을 조합하여 항구도시를 상징하는 범선을 모티브로 했다. 또한 지역 서비스 기능과 오피스 기능의 원활한 병행을 위해서는 조닝(Zoning)이 중요하며, 오피스 공간은 보다 고도의 방송기능을 충족시키는 명쾌한 조닝과 융통성 높은 직무공간으로 구성되고 있다. 이외에 지구환경을 생각한 시설로서 면진(免震)구조와 각종 환경부담 저하 수법을 채용하고 있다.

◆경위

NHK고베 방송국은 1925년에 일본 방송협회 간사이(関西)지부 고베 출장소로 개국하여, 1971년에 지금의 장소에 고베방송회관이 완성되었다.

사진 2 개설 당시의 고베

1992년에 리뉴얼이 완료되었으나 1995년의 한신・아와지 대진재로 붕괴되었으며, 가설 스튜디오에서 진재 직후의 혼란 시에도 방송을 계속하여 전 세계에 긴급사태를 발신하고 시민에게는 최신정보와 편안함을 제공했다.

이번 방송회관의 재건에서는 진재(震災) 10년째에 새로운 방송회관에서 방송을 내보내는 것을 목표로 'NHK고베 방송회관 재건 공모전'이 행해졌다.

◆계획단계의 특징

NHK에서는 전국에서 처음으로 면진구조를 채용한 것에 따라 건물의 안전성을 확보함과 동시에 지진 시의 방송기능 유지를 실현하려고 하고 있다. 외관 의장(意匠)에는 층간 변위 경감에 따른 외장이나 철탑 주변의 세심한 디자인으로 표현되고 있다.

평면플랜의 기본방침은 열린 시청자 광장, 18m의 기둥 없는 사무공간, 미디어 스크린의 설치, 면진구조의 채용, 태양광의 이용과 제어의 5가지로 집약된다. 면진구조에는 축력이 큰 기둥 아래에는 납 플러그가 든 적층고무를 배치하고 축력이 적은 기둥 아래에는 양면으로 회전하는 기둥을 배치했다. 또한 마찰 판 스프링댐퍼의 사용으로 주거성을 높였다. 태양광을

사진 3 리뉴얼 후의 구 방송회관

사진 4 한신 · 아와지 대진재로 붕괴됐다

이용하기 위해 비결정질(Armorphous) 태양전지를 사용했다. 이 태양전지는 발전효과가 낮아서 다양한 모양이 제작 가능하고, 태양전지 제조에 걸리는 에너지 부담이 적고 비용이 싼 것이 특징이다. 이것을 인터페이스 갤러리의 차양부분에 설치했다. 또한 태양광의 제어는 남쪽과 서쪽에 깊은 차양의 설치와 Low-E(고단열 복층유리)의 사용으로 가능하게 했다.

실시단계의 특징

토어로드(Tor Road)에 접한 옥외공간에는 옥상의 녹지화와 공개광장에 자연이 넘치는 장소를 제공하고 열부담의 저하와 열섬(Heat Island)현상을 배려했으며, 동시에 옥상과 현관 차양에 부착된 태양전지 패널에 의한 에너지의 유효이용도 고려했다. 야마테(山手)간선을 마주본 유리스크린은 도시에 기여할 뿐 아니라 실내로의 교통소음 저하와 더블스킨 내부의 환기에 따른 열부담 저하를 맡고 있다. 유리면에는 디자인필름을 부착하였고 그 위에 산화티탄을 코팅했다.

사진 5 미디어(유리) 스크린과 철탑

사진 6 인접하는 공개광장

사진 7 도로와 접한 부분의 녹지화와 현관 차양

사진 8 정보공방 KOBE 아카이브스(Archives)

사진 9 프로그램 제작부문과 스튜디오 내부

◆기획으로서의 평가 · 전망

NHK고베 신 방송회관은 모던문화와 고베의 역사가 뒤섞인 공간에 만남의 장인 시청자 광장을 설치하고, 문화의 계승과 사회의 성숙에 일조하고 있다. 거기에 면진구조의 채용과 태양광의 이용과 제어는 지구환경 공헌이라는 부분의 큰 구성요소이며, 지속성을 추구하는 NHK의 기업 자세를 표현하고 있다고도 할 수 있다.

개국 이후는 시청자 참가형의 공개스튜디오(토어스테이션 · 100m² 정도)를 시민이벤트로 무료로 개방하고 있고, 재즈페스티벌이나 시민콘서트, 피아노연주, 시민전시회 등 토어로드(Tor Road) 구석구석에 위치한 오픈된 옥외공간과 그것들과 유기적으로 연결된 시청자 광장을 유효하게 이용하여 지역 시청자와의 교류가 시도되고 있다.

A Column

아름다운 자연을 지키면서 지역활성화

이시가키(石垣)섬 이주 / 기다 아야코(木多彩子)

오키나와(沖縄)현 이시가키 시에서는 1990년대 후반부터 이주자나 여행자가 증가하고 있다. 낙원열풍이나 남국열풍이라고 불리며 정년퇴직한 세대와 정규직에 취직 못한 젊은 층이 그 중심이 되고 있다. 한편으로, 그들의 유입이 새로운 개발을 유발하고 섬의 자연이나 경관, 전통적인 풍경을 해할 우려를 염려하고 있다. 2007년 6월에 '환경계획' 조례가 이시가키 시에서 시행된 것은 매스컴에서도 폭넓게 다루어졌다. 그 문맥에 따르면 "단독주택을 바라는 많은 사람들은 교외 바다가 보이는 돈대(墩臺)나 해변 근처의 토지 확보와 주택건설을 바라는 경향이 있습니다. …지금까지 주택이 없는 지역에서는 도로포장이나 전기…인프라정비가 되어 있지 않습니다.…"라고 난개발에 고심하는 형태가 엿보인다. 현장을 걸으면서 자료를 풀어보면, 건축주가 섬 주민으로 설계자가 오키나와 본토나 본토 회사인 경우가 늘어나는 경향이며, 섬 밖의 기업이 섬의 지주에게 건설을 촉진하고 있는 구도를 볼 수 있다.

이시가키 섬에는 '아름다운 자연'이라는 사람을 끌어들이는 큰 무기가 있다. 그것이 이 이시가키 섬 열풍을 지탱하고 있다. 실제로 경관보호 등에 적극적인 이주자가 많다고 들었다. 지역활성화 대책의 일환으로 지방이주 희망자 받아들이기에 분주한 지방자치단체가 늘고 있는 가운데 이시가키 섬이 유리한 것은 틀림없다. 그 무기를 최대한으로 살린 앞으로의 이시가키 시의 대응은 다른 자치단체의 선행사례로 주목된다.

해안선과 신축주택

—— 참/고/문/헌

• 木多彩子「沖縄県石垣市における移住者の受入れと地球環境の変化」日本建築学会大会学術講演梗概集, 2008.

B Column

주인님과 언제까지나 함께

애완동물 무덤 / 다나카 나오토(田中直人)

개나 고양이 등의 애완동물과 살고 싶지만 애완동물 금지 주택에 사는 사람도 많다. 고령자뿐만 아니라 애완동물과의 생활로 위안을 얻는 사람도 많다. 애완동물과 함께 사는 주거환경계획이 앞으로의 기획 시에 검토될 필요가 있다. 게다가 소중한 가족인 「가족의 일원으로 함께 살고 싶다. 사랑하는 애완동물과 언제까지고 함께 하고 싶다.」라고 하는 주인의 희망에 따라 사람과 애완동물이 함께 잠들 수 있는 무덤도 공급한다고 하는 실로 현대인의 수요에 대응한 무덤의 형식을 제안하는 경우도 등장하고 있다. 애완동물 전용공동묘지가 아닌 일반공동묘지이면서 「사람과 애완동물이 함께 잠들 수 있는 묘소구획」을 가지고 있다. 「사람의 죽음을 공양하는 것과 동물의 죽음을 공양하는 것에 구분이 없다.」라고 생각하는 기획이다. 지금까지의 애완동물 묘지나 납골당 스타일과는 달라서 가족과 함께 공양하는 것을 가능하게 한 새로운 스타일의 무덤이다. 또 무덤 자체의 디자인에서도 가족 같이 살아온 애완동물들의 생전 형태를 자연석이나 화강암 등으로 만들어 언뜻 보기에는 동물의 장식물로 보이지만, 내부에 납골 가능한 공간이 있는 애완동물 무덤도 있다.

애완동물 공동묘지

C
Column

가정환경에 가까운 생활의 장을 실천

고구마보육원 / 기다 아야코(木多彩子)

1990년대 이후 소자녀화는 사회문제가 되고 공공 보육서비스의 충실, 남녀 공동 참여에 의한 일과 양육의 양립 지원, 워크라이프 밸런스의 제창 등 다양한 대책이 강구되어 왔다. 이러한 배경 속에서 보육원에서는 보다 유연하고 안정된 보육체제가 기대된다.

그런데 보육원에 기대된 근본적인 요구는 무엇일까. 아마 생명을 보호하고 키우는 생활의 행위를 소중히 함으로써, 그것은 다시 말해, 가정이 담당해 온 '생활문화'의 계승이며, 현대사회의 「다른 연령대의 성장」, 「가족 이외의 어른들과의 교류」라 생각한다. 도쿄도 다마(多摩) 시의 고구마보육원은 이러한 관점에서 형제 · 그룹보육을 실천하고 있다. 형제는 기본적으로 같은 반으로, 한 살에서 다섯 살까지의 연령 폭이 있는 8명 1그룹이 생활단위이다. 건물도 그에 대응해서 개축되어 가정에 가까운 규모로 생활의 장이 구성되고 있다. 나이가 많은 아이는 어린아이를 보살피면서 잘 따라줘서 기쁘고 귀엽다고 하는 감성을 키우고, 사람에게 뭔가 해주는 기쁨에서 자존감정을 키운다. 어린아이들은 나이 많은 아이들의 형태에서 자기도 크면 저렇게 할 것을 즐겁게 기다린다.

보육원 건물 정면 입구

—— 참/고/문/헌

• 東京・こぐま保育園『きょうだい保育の園舎づくり』草土文化, 2002年

D
Column

살고 싶은 도시

기치죠지(吉祥寺) / 기다 아야코(木多彩子)

기치죠지는 도쿄에서 살고 싶은 도시 톱 3의 자리를 이미 수년째 지키고 있다. 기치죠지의 매력을 주민인 미우라아츠시(三浦展)역자주55)와 와타리카즈요시(渡和由)역자주56)는 아래의 50개 항목으로 정리하고 있다.

즉, 보안감(歩安感)역자주57), 격자형 거리, 가두, 생태적 지역(Bioregion), 수키마(好き間-좋아하는 공간)역자주58), 쇼텐가이(Show店街)역자주59), 녹지로 둘러싸인 도시, 공용펫(Public Pet), 협동조합도시(Coope(混步)rative역자주60) Town), 느긋한, 길모퉁이의 저택, 차경(借景)역자주61), 호색(好色), 엔가와(緑側)역자주62)공간, 기치쇼지(吉障子)역자주63), 고객 디스플레이역자주64), 데모노(手もの-수제)길, 특출한 것, 창조적인 삶, 낮밤거리, 오모이도리(思い通り)역자주65), 고쵸나이(ご腸内-장(腸)내)역자주66), 샛길, 안락한 거주지, 비오톱(Biotope-생물서식공간), 수류(水流), 화원(花苑)도시, 풍류(風流), 밝은 전망, 이마(居間-거실)역자주67), 어느 카페역자주68), 가지각색의 앉을 곳, 경케이쇼쿠(景食)역자주69),

---

55) 마케팅 분석전문가, 소비자사회연구가, 평론가. 가족, 도시문자를 독자적 시점으로 바라본 서적 등을 출판하고 있다.
56) 츠쿠바(筑波)대학교 인간종합과학연구과 예술학계 준교수. 종합적인 디자인 활동과 '사랑받는 도시', '걷고 싶어지는 도시' 만들기를 연구 중.
57) 안심하고 즐겁게 걷는 것이 거리의 기본이라는 것을 나타내는 조어. 일본어로 읽으면 호안칸으로 보안관을 뜻하는 호안칸과 발음이 같다.
58) 생물이 안심할 수 있는 에콜로지(路地)컬(Ecological)한 장소. 수키마(好き間-좋아하는 공간)와 수키마(隙間-틈새)와 동음.
59) 상점가를 뜻하는 쇼텐가이(商店街)의 쇼(商)와 Show를 겹친 단어.
60) 코퍼레티브(Cooperative의 일본식 발음)와 콘포(混步-함께 걷는다)를 합친 단어.
61) 풍경을 빌림으로써 도시에게 애착을 느낀다.
62) 건물 주변을 두르는 판으로 짠 통로부분, 또는 정원에서 올라오기 위한 발판부분. 툇마루
63) 일본의 외부와 내부를 구분하는 칸막이로 쓰이는 장지. 기치죠지(吉祥寺)의 죠지(祥寺)와 쇼지(障子)를 겹쳐서 기치쇼지라 함. 점포 내를 개방하는 것이 상업의 기본이라는 개념.
64) 최고의 선전은 고객의 행렬.
65) 오모이도오리(思い通り) 생각대로란 뜻이며, 여기서는 거리란 의미의 도오리와 겹쳤다. 우리말 식으로 바꾸자면, 생각대로(大路-큰길).
66) 쵸나이(腸内-장내)와 쵸나이(町内-마을 안)를 겹친 단어.
67) 스페이스(공간)보다도 플레이스(거처)를 중시.
68) 도시 아무데나 자신의 카페를 만들 수 있다.
69) 게이쇼쿠(軽食-경식)의 케이(軽-경)과 케이(景-경치)를 겹친 단어.

가이쇼쿠(街食)역자주[70], 어번재즈(Urban Jazz), 야타이야리타이(屋台やりたい)역자주[71], 마을 목욕탕, 히로바(披露場)역자주[72], 공용 피크닉(Public Picnic), 후리마하코니와(フリマ箱庭)역자주[73], 네토와쿠와쿠(ネットわくわく)역자주[74], 컴포넌트(Com(混)ponent)역자주[75], 발가락점포역자주[76], 시텐(私店)역자주[77]경제, 기즈카이(木づかい)역자주[78], 휴대폰 가든, 립·워크(Lib Work-일에서의 해방), 게쇼(家粧)역자주[79], 축제, 소울·코먼(Soul Common). 이만큼 모든 것이 포함된 기치죠지는 역시 이유가 있어서 부동의 자리인 것이라고 납득할 수 있다. 그러면, 당신이 사는 도시는 몇 개나 해당되는지요.

가게가 줄지어선 굽은 골목길

—— 참/고/문/헌

- 三浦展 + 渡和由研究室「吉祥寺スタイル」文藝春秋, 2007年

---

70) 가이쇼쿠(外食-외식)의 가이(外-외)와 가이(街-거리)를 겹친 단어.
71) 야타이(屋台-포장마차)와 야리타이(やりたい-하고 싶다)의 발음이 비슷한 것을 연결.
72) 히로바(広場-광장)의 히로(広-넓은)와 히로엔(披露宴-피로연)의 히로(披露-피로)를 겹친 단어.
73) 후리마(Free+마(間-공간))에 하코니와(箱庭-모형 정원)를 합친 단어. 돗자리를 깔아놓고 판매하는 Free Market이 모형정원을 꾸미는 것과 비슷하여 생긴 단어.
74) 네토와쿠(ネットワーク-네트워크)와 와쿠와쿠(わくわく-두근두근)를 합친 조어.
75) 컴포넌트(Component)의 일본식 발음 콘포넨토와 콘(混-섞을 혼)을 겹친 단어. Ipod과 진공관 엠프의 조합.
76) 발가락처럼 촘촘하게 들어선 점포.
77) 시텐(支店-지점)의 시(支)와 시(私-개인)의 동음을 겹친 단어.
78) 기즈카이(気づかい-배려)의 키(氣-기)와 키(木-나무)를 겹친 단어. 조금이라도 낡은 소재를 사용하면 도시도 리조트가 될 수 있다.
79) 게쇼(化粧-화장)라는 말에 게(化-화)와 동음인 게(家-집)를 겹쳐서 집을 꾸미는 것을 뜻함.

6 참가 · 협동과 유니버설디자인

다나카 나오토(田中直人)

무장애공간(Barrier Free)의 기준과 매뉴얼 만들기

무장애공간이란 글자 그대로 장애(Barrier)라고 하는 장벽을 제거하는 뜻이지만, 지금까지 우리들은 오로지 한결같이 휠체어 사용자를 시작으로 특정 장애인만을 대상으로 해왔다. 무장애공간으로 한다고 해도 도대체 무엇부터 착수해야 하는 것인지 또는 어떠한 배려를 하는 것이 좋은지, 건축공간의 기본적인 부위에 대해서 주로 휠체어 사용자나 시각장애인의 이용을 전제로 실험이나 조사 등의 연구도 진행되어 왔으나, 실제 설계의 정보는 유럽의 문헌 등에서의 정보에 의지하고 있었다. 이러한 시기에 일본건축학회에서 핸디캡소위원회가 설치되고, 무장애공간을 실제 건축공간에 도입하자는 활동이 개시된 것은 특필된다.

1970년대에 들어서서 많은 자치단체에서 복지도시재생이 추진되었다. 자치단체의 무장애공간 기획 실천의 몰입사례로, 조기부터 복지도시재생에 착수한 고베(神戸) 시의 필자의 경험을 소개하겠다.

도시 재생에서 민간의 건축물에 앞장서야 할 공공건축의 기본적 정비의 형태에 대해 언급한 '공공건축계획 지표', 최소한의 배려사항을 기준으로 정한 '공공건축기준', 그들의 적용에 대한 생각이나 사례를 지목한 사전으로서의 '건축설계 매뉴얼'의 3개를 책정했다. 매뉴얼은 공공건축뿐 아니라 넓게 시민이나 건축관계자에게 배포하여 건축에 관여한 무장애공간의 침투를 고려하기로 했다. 이와 같은 무장애공간에 관한 작업경과를 거쳐 일본 내에서 제일 처음 만들어진, 1977년에 제정된 복지도시재생 조례가 '고베 시민의 복지를 지키는 조례'이다. 이것을 받아들인 규칙 '도시시설정비기준'에서는 민간시설에 대한 적용을 전제로 한 구체적인 무장애공간의 내용이 지적되어 있다. 많은 자치단체에서는 조례가 아닌 '정비요강'이라는 형태로 무장애공간의 기준을 제정했다. 그러나 이들의 기준 내용은 대동소이하다. 이후에도 많은 자치단체에서는 무장애공간에 관한 다양한 기준이나 조례가 제정되었으나, 본질적으로 그 내용이 바뀌지 않았다. 물론 이들의 제정작업에는 많은 학식 경험자나 장애인단체 대표, 시민 등이 참여했으나, 어디까지 의견이 반영되었는지는 명확하지 않다.

내용은 둘째 치고 무장애공간이라는 것을 구체적으로 많은 관계자에게 알리고 실행시킨다는 점에서 이들의 기준이 이룬 역할은 크다. 또한 일정 수준에서의 배려를 전개하여 무장애공간에 관여하는 건축공간 구성재를 제공하는 많은 제조회사의 역할도 크다. 즉, 사회 전체의 무장애공간으로의 인식을 높이는 것에 큰 효과가 있었다고 할 수 있다.

무장애공간은 진화했는가

무장애공간 관련 법의 제정이나 그 후의 개정작업을 통하여 지금까지의 자치단체에서의 몰두는 더욱 국가의 법률에 준거하는 형태로, 보다 한층 무장애공간의 진전이 이루어지려 하고 있다. 당초에는 양이 적었던 무장애공간에 관한 참고자료도 증가했다. 그러나 지금도 많이 돌고 있는 자료의 구성이나 생각은 초기의 '매뉴얼'과 별반 차이가 없다. 이것이 무엇을 의미하는지가 문제이다. 즉, 시간의 경과, 경험의 수에도 불구하고 무장애공간의 기획내용은 그다지 진화하지 않았다고 할 수 있다.

오히려 상식으로 무장애공간이 정착한 것은 아닌지 생각할 수 있다. 예를 들면, 슬로프(Slope)의 경사란? 이라고 하면 아무 망설임도 없이 12분의 1, 시각장애인에 대해서는? 이라고 하면 황색의 점자블록이라는 답이 나온다. 과연 그럴까. 더 연구해야 할 요소가 있는 건 아닐까. 건축가도 원점으로 돌아가서 어떠한 환경이 사람에게 좋은지를 다시 생각할 필요가 있다. 만일, 기준이나 조례대로가 아닌 방법을 생각해내도 관할구청 담당자로부터 기준에 맞지 않는다고 지적당한다. 그리고 그 발상을 충분하게 확인할 방법이 없고 독선적인 아이디어에 그치는 경우도 많다. 한편으로 무장애공간 건축사례는 확실하게 늘고 있다. 그러나 그 실태에 대해서는 아쉽게도 아직 충분하게 파악되지 않은 것이 아닐까. 예를 들면, 휠체어 화장실은 사용이 편리해졌는가, 다른 이용자는 어떤지 등 이들 시설의 본 형태를 고려함에 있어서 검토해야 할 사항이 많다. 제조회사에서 '무장애공간'을 강조한 상품이 많이 나오고 있다. 그것들을 살리기 위해서는 큰 시점에서 어떠한 무장애공간을 그 건축으로 실현할지를 생각하는 것이 중요하다.

표준화 문제

무장애공간(Barrier Free)과 관련된 자재나 시스템에 대해서, 시각장애인 유도용 블록(이하 유도블록)과 같이 JIS(Japanese Industrial Standard-일본공업규격) 등에서 규격화가 진행되고 있는 것도 많다. 그러나 이들 기준이나 규격은 상당히 많은 관계자의 의견을 기반으로 이루어지고 있음에도 불구하고 완전한 것이 아니다. 실제로 이들의 규정내용에 이의를 제기하는 당사자나 일반 이용자들도 많다. 표준화를 추진하면서 그 설명서를 공인하기 전에 한 번 더 이용자의 평가를 확인해야 한다.

한편, 설계실무자 등은 신속한 대답을 원하고 있으며, 지침서와 같은 매뉴얼 가이드라인을 요구하는 목소리가 높다. 그렇지만 최근에는 무장애공간만이 아니라, 진지하게 유니버설디자인을 추진해 나가려는 행정에서의 몰입이 현저하다. 그러나 어디나 긴타로아메(金太郎飴)역자주[80] 상태로 유니버설디자인 관련의 계획이 진행되어 매뉴얼 가이드라인이 책정될 가능성이 있다. 즉, 유니버설디자인 추진 프로그램의 표준화이다. 과연 이것이 유니버설디자인의 진전이라 할 수 있는 것인가. 보다 구체적인 실천이 요구되는 단계라고 생각한다.

새로운 발상의 디자인계획

유니버설디자인의 가능성을 추구해서 우리들은 이제부터 어떻게 몰두해야 하는가.

앞으로의 유니버설디자인을 생각할 경우에 몇 가지 기본적인 관점을 확인하지 않으면 안 된다.

① 참가・참여・협동의 프로세스를 중시한다

「유니버설디자인」이나 「UD」를 간단하게 상품이나 기업조직명에 붙이기 전에 유니버설디자인으로서 어디까지 몰두하고, 어디까지 책임을 질 수 있는지가 문의된다. 불편함이나 어색함을 느껴도 그 의견이 개선되지 않는 것이 사회현상이다. 노력해도 어쩔 수 없이 그만두어야 할 때도 있다. 요점은 목소리가 큰 쪽으로만 집중하는 경향이 있다는 것이다. 말없는 다수(Silent Majority)인 사용자에게는 차갑다. 행정의 대응이 이러한 경향이면 안 된다. 건축 전의 참가・참여・협동이 아닌 리얼리티를 갖고 스파이럴 업(Spiral up)을 고려하는 것이 중요하다.

유니버설디자인으로는 이용자 당사자의 의견을 듣는 단계부터 참가・참여・협동의 자세를 중요시해 왔다. 그러나 이용자 당사자와 진행하는 워

80) 어느 부위를 잘라도 단면에 사람의 얼굴모양이 나오도록 만든 가락엿. 그 모양에서 파생하여 사람의 의견에 대해서 격자규정으로 개성이 없는, 무엇을 해도 똑같은 경우를 표현.

크숍 등에서 고조되어도 실제 디자인으로 이어지지 않는 경우도 많다. 원패턴의 워크숍에 그치는 것이 아닌 새로운 디자인 제안에 이어지는 코디네이트가 기대된다.

다양한 분야의 경계를 넘어선 보더리스(Borderless)한 협동(Collaboration)이 도모되는 다른 업종 교류의 장도 보다 중요해진다. 입장이나 전문성을 초월해서 협동할 수 있는 동기부여가 중요하다. 또 관계자를 하나로 묶는 코디네이터의 존재도 놓칠 수 없다.

기획단계부터 프로세스를 중요시한다. 보다 많은 관계자의 의견이나 제안이 반영될 수 있는 프로그램이 중요하다. 설계자를 시작으로 많은 사람의 제안이 비용뿐만이 아닌 향후의 시설운영이나 보수관리면에 영향을 미칠 수도 있다. 관계자가 각자 분담한 부분밖에 모르고 뒷일에 책임을 지지 않는 체제에도 문제가 있다. 각각의 무장애공간이 부가적인 요소라는 발상으로는 충분하지 않다. 시설 등의 하드면만이 아닌 운영프로그램이나 관리 등의 소프트면의 충실을 고려하고 연계시켜서 프로젝트를 전개해야 한다.

② 기준에만 만족하지 않는 디자인 기술개발

기준은 어느 정도 무장애공간의 질을 보증하지만 설계자를 시작으로 관계자는 이것을 최대목표로 두지 않고, 이용자나 운영조건의 이해를 기반으로 기준을 넘어선 아이디어의 구상이나 제안을 끊임없이 연구해야 한다. 경우에 따라서는 기본적인 설명서에 별도 설명서를 부가함으로써 대응이나 여러 타입을 준비하고 선택하게 하는 대응 등 방법은 여러 가지로 전개가 가능하다. 또한 신규만이 아닌 기존의 것에 어떻게 대처하는가 하는 기술이나 사회적인 지원태세 등에 대해서 건축관계자의 기술수준의 향상, 인간공학이나 복지서비스 등 인간과 환경에 관한 여러 정보나 지식, 기술력 향상을 도모하지 않으면 안 된다.

그리고 지금, 유니버설디자인이라고 하는 새로운 단어로 똑같은 몰두나 상황이 존재한다. 단어만 바뀐 것이 아닌 한 번 더 지금까지의 무장애공간에 대해서도 기본적인 인간과 환경과의 대응을 새롭게 검토해 나가지 않으면 안 된다.

많은 사람이 갖는 감각기능의 다양성에 주목하고, 그 대부분의 기능을 시각적인 기능만이 아닌 촉감이나 청각, 취각 등, 즉 오감을 활용한 디자인으로 사인(Sign)계획이나 공간계획에서도 쉽게 알 수 있도록 조장함과 동시에, 지금까지의 공간과는 다른 분위기나 매력을 발산할 것을 기대한다. 나의 저서(주1) 중 덴마크의 건축이나 공원 등의 환경디자인 사례에서 이들의 생각이나 디자인 적용 가능성을 검토했다. 최근 유비쿼터스(Ubiquitous) 사회의 정보시스템으로서 하이테크의 이동지원 시스템이나 각종 생활형태에서 편리하고 사용하기 쉬운 상품이나 시스템의 제안이 이루어지고 있다. 유니버설디자인으로서는 이들의 신기술과 함께 다양한 이용자 조건에 맞춘 단순하고 알기 쉬운, 오류가 적은 시스템을 어떻게 정착시키는지가 큰 과제이다.

그러기 위해서는 이들 신기술만이 독립해서 추진되는 것이 아닌 인간의 생리나 심리의 특성에 준한 디자인의 시점을 다시 한 번 재확인하여 추진해 나가고 싶다.

도시계획으로서의 유니버설디자인

유니버설 사회의 실현은 모든 인간이 평등하고 활기차게 살아가는 도시를 만드는 것이다. 개별 주택이나 시설 등의 무장애공간 차원에 머무르지 않고 각각을 연결하는 이동환경에서의 유니버설디자인이 아직 충분하지 않다. 탈 것 자체의 이동수단, 수평이동과 수직이동에 관계되는 공간적인 문제의 검토는 구 교통무장애공간법(주2) 등의 정비에서도 어느 정도 효과를 볼 수 있지만, 건축물 등 도시 전체의 환경으로서의 연속성이나 안전성에는 아직 동떨어진 정비상황이다. 특정 장애인만을 위한 문제가 아닌 모든 사람에게 연관되는 생활환경의 업그레이드를 목표로 해야 한다.

유니버설디자인이 아닌 유니버설 사회라는 단어 안에서 넓게 생활환경의 각종 분야의 형태를 의논할 필요가 있으나, 단순하게 머릿속에서의 유니버설디자인이라는 대답으로 회피해서는 안 된다. 도시계획은 사람에 의해서 성립되지만 정서에 흘러가지 않고, 구체적인 것으로 공유하는 부분을 확대하지 않으면 안 된다. 디자인에 요구되는 구체적인 대응자세가 기본이 된다.

지금까지의 일본의 유니버설디자인의 도달점은 7개의 원칙에 대표되는 디자인의 기본적인 사고방식의 보급 및 이에 관련된 물건 만들기 등에서의 구체적인 몰입이 중심이었다. 상업적인 전개와 복지적인 상품개발 사이에서 이념적인 계발단계와 기준 정비에 따른 표준화의 역할효과와 경계를 의식하고 있다. 유니버설디자인이라고 하면서도 개별 장면에서는 종래의 무장애공간을 벗어나지 못하는 경우도 많다. 이들을 유니버설디자인이라는 단어로만 바꿔서 계속하는 것도 좋지만, 역시 디자인으로서의 성능평가를 확실하게 해나갈 필요가 있음을 느낀다. 건축이나 공공공간의 정비에서 보다 구체적인 디자인 모델이 기본이 되는 안전성이나 내구성을 충분히 인지한 다음 적극적인 제안이 나올 것을 기대하고 싶다.

주 1 다나카나오토(田中直人) · 호시바쿠니오(保志場)『오감을 자극하는 환경디자인–덴마크의 유니버설디자인 사례에서 배우다』 쇼코쿠샤(彰国社), 2002년

2 고령자, 신체장애인 등의 공공교통기관을 이용한 이동의 원활화 촉진에 관한 법률

—— 참/고/문/헌

- 田中直人『福祉のまちづくりデザイン–阪神大震災からの検証』学芸出版社, 1996年
- 静岡県編, しずおかユニバーサルデザイン専門委員著『ユニバーサルデザイン入門』ぎょうせい, 2002年
- 田中直人, 川崎和男, エドワード・スタインフエルド, 外出義 『ユニバーサルデザインの考え方』丸善, 2002年
- 田中直人編著『福祉のまちづくりキーワード事典–ユニバーサル社会の環境デザイン』学芸出版社, 2004年

진화한 무장애공간 대응시설

다나카 나오토(田中直人)

◆건축기획으로서의 테마

오사카부 사카이 시에 계획된 국제장애인 10년 기념시설인 국제장애인교류센터 빅아이(BiG · i)는 장애인의 문화활동 지원시설이지만, 유니버설디자인 설계의 방법론으로의 제안을 테마로 해서 기획되었다(사진 1, 2, 그림 1). 설계의 사고방식으로는 조례나 기준의 합격선에 만족하지 않고 전문적인 시설이면서 결코 장애인에게 한정된 차원의 시설로 하지 않고, 누가 봐도 좋다고 느낄 수 있는 시설 실현이 시도되었다.

'고도 무장애공간'으로 종래의 무장애공간 기준을 넘어선 내용이 요구되었다. 한 개층의 평면 전개를 기본으로 동선계획을 명쾌하게 하고, 유도블록 일색이 아닌 오감을 활용한 알기 쉬운 공간 자체가 표식이 되는 시설을 목표로 했다. 예를 들면, 인테리어로써의 표식문자의 입체화 · 색채의 고려, 바닥의 색채와 텍스처(Texture)를 바꾼 소재의 사용, 피난유도에도 사용되는 엘리베이터에 설치한 TV모니터나 발로 조작하는 버튼, 전광표지판 · 긴급 시의 문자방송, 숙박실의 비상용 플래시램프나 침대의 긴급통보 진동시스템 등이 있다.

사진 1 빅아이 전경

사진 2 입구 로비

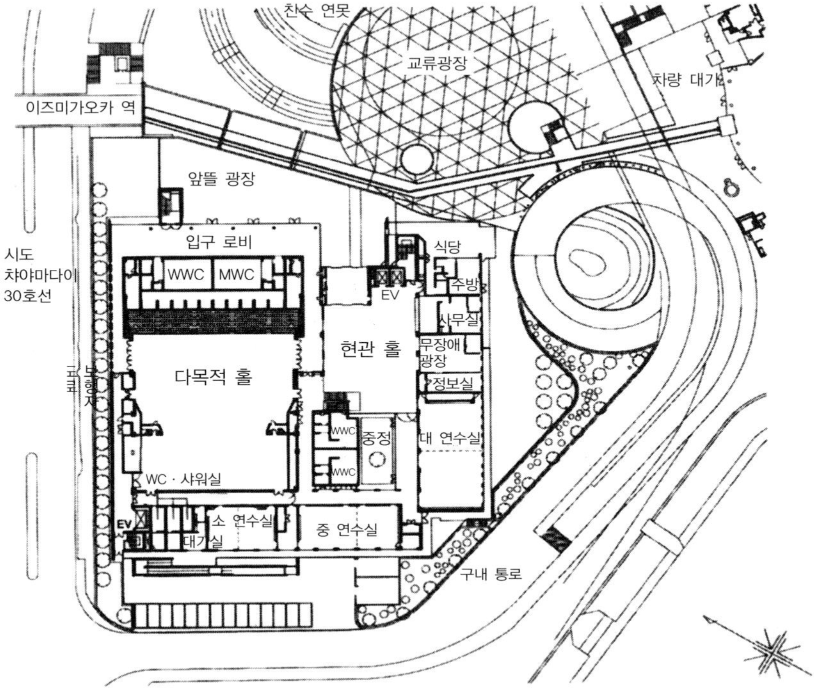

그림 1 배치도

건물 데이터

명 칭 : 국제장애인교류센터 빅아이(BiG · i)
소재지 : 오사카부 사카이(堺)시 챠야마다이(茶山台) 1-8-1
설계자 : 국토교통청 긴키(近畿)지방 정비국 영선부
닛켄셋케이(日建設計), 쇼난(摂南)대학교수 다나카 나오토(田中直人)
(무장애공간 설계감수)
용 도 : 다목적 홀, 숙박실, 연수실 등
규 모 : 바닥면적/약 12,000m², 부지면적/약 8,000m²
사업자 : 후생노동청
사용승인 : 2001년

◆ 콘셉트

설계의 방법론으로 이용자의 참가에 의한 목업(Mock up-실물크기 모형) 검증실험의 도입을 제안하고, 시각적으로는 단순하게 알기 쉬운 표식만이 아닌 지역경관이나 인테리어 요소로서의 개성이나 분위기 조화가 중시되었다.

① 주변환경과의 연계

건축은 점으로써 존재하는 것이 아닌 도시계획으로서, 선에서 면으로 공간을 넓혀서 지역과의 관계에서 의미를 가지는 것도 중요하다. 거리 풍경이나 경관의 중요성도 여기에 있다. 빅아이는 교통무장애공간법에 따른 정비 이전부터 적극적인 면적정비를 실시해온 역 앞에 위치하고, 인접하는 시설과의 계획조정이 진행되었다.

② 알기 쉬운 동선계획

동선계획을 알기 쉽게 하기 위해서 원플로어 전개를 기본으로 설계를 시작했다. 알기 쉬움을 추구하여 유도블록이 없어도 이용하기 편한 공간이나 공간 자체가 표식이 되는 구성이 시도되었다. 평면계획은 안뜰을 둘

사진 3 엘리베이터의 화상과 음성안내
피난유도에도 사용되는 엘리베이터에 설치된 TV모니터

러싸고 직교하는 축으로 구성되었다. 바닥의 형상에는 특히 슬로프를 필요로 하는 단차를 제거하여 주변에서 자연적인 접근이 가능하게 했다. 유도블록은 현관 주변에 최소한으로 하고, 복도 등에는 손잡이나 그것을 대신하는 것으로 바닥의 소재와 색을 구분해서 유도효과를 갖도록 시도했다.

③ 엘리베이터

평상시나 긴급 시에도 휠체어 사용자 등의 무장애공간 수직동선으로 휠체어 4대가 동시에 탑승할 수 있는 엘리베이터 2대를 설계의 중심에 포함하였다. 화재 시에도 엘리베이터 홀의 압력을 가함으로써 피난동선 위치에 포함하였다. 이 때문에 홀로 연결되는 문을 여닫이문에서 피난방향으로의 개방 문으로 변경 가능한 시스템을 도입했다. 또한 엘리베이터 안 및 홀의 버튼은 크고 조작하기 쉽게 하면서 발로 조작하는 버튼도 설치했다. 귀가 불편한 사람을 고려한 화상이나 문자에 의한 정보표식도 설치하고 있다(사진 3, 4).

사진 4 엘리베이터 전경
엘리베이터의 윗부분에는 수화로 안내하는 화상과 음성안내가 흘러나오고 있다. 또한 조작버튼은 손이 불편한 사람이나 짐 등으로 양손을 사용할 수 없는 사람을 배려하여 발로 이용할 수 있는 조작판을 아래에 설치했다.

④ 홀

최대 1,500명(그 중, 700석은 고정석, 휠체어 이용의 경우는 약 1,000명, 나머지는 바닥에 수납 가능하고 그 부분은 300석의 휠체어석)을 수용할 수 있는 다목적 홀은 바닥의 단차를 조정해서 무대와 객석의 무장애공간과 이벤트 내용에 대응한 변화를 가능하게 했다. 방음성을 요구하는 무거운 문은 자동문으로 하고, 휠체어 이용자 등을 고려한 무장애공간을 실현하고 있다. 또 자동화하는 것에 대해서, 문의 회전궤적 등 이용자에 대해서 주의를 환기시키기 위한 바닥재의 색 구분 등을 시행했다.

⑤ 화장실

목업(Mock up) 검증에 의해 공간이나 문의 형식, 버튼스위치류, 손잡이, 자물쇠 위치・형상 등의 검토를 거쳐서 모든 화장실에 휠체어 사용자 등의 배려를 시도했다. 다기능 화장실로 일반 화장실에 덧붙여서 접이식 침대나 세정변좌부터 세정용 샤워, 오물세정기 등의 기능을 갖춘 화장실도 남녀별로 배치했다.

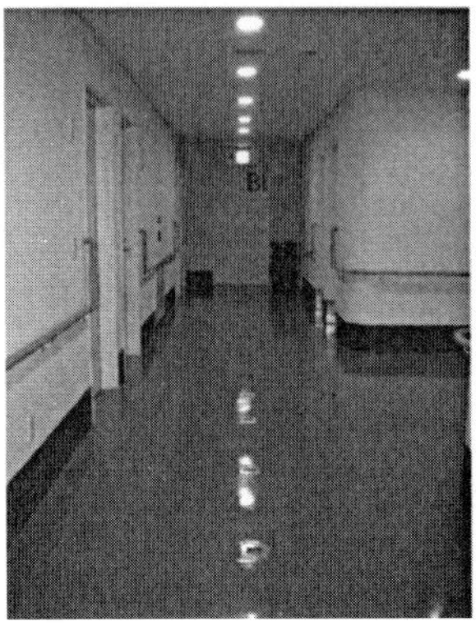

사진 5 바닥의 피난유도조명
평상시의 유도만이 아닌 화재 등의 비상시의 안전한 유도를 하기 위한 배려로 바닥과 천장에 빛의 유도효과를 노렸다.

⑥ 객실의 물을 사용하는 공간

목업 검증에 의해 공간이나 욕조, 변기, 세면기의 형식, 버튼스위치류, 손잡이, 샤워기 위치·형상 등의 검토를 거쳐서 모든 객실의 물을 사용하는 공간에는 휠체어 사용자 등의 배려를 고려했다.

⑦ 피난동선공간

평상시에 사용하는 엘리베이터를 피난동선공간에 포함하면서 각 숙박실에서의 피난동선으로 피난발코니에서 피난계단 또는 피난슬로프를 따라가는 공간을 계획하고 있다. 휠체어 사용자를 시작으로 하는 숙박객의 안전한 피난행동을 확보하기 위한 정보전달 수단에 대해서도 청각이나 시각, 촉각을 이용한 것을 겸용하고 있다(사진 5).

⑧ 사인(Sign-표식)

알기 쉽고 아름다운 표식의 정비를 시도하기 위해 표식에 대해서도 시각장애인을 대상으로 목업을 실시하고 있다. 표식이 색상이나 문자 크기, 표현하는 문자나 그림 표면의 돌기형상 등 세심한 검토가 덧붙여졌다. 색, 그림을 사용한 그림(Pictograph) 등에 의해 벽면을 간판화 하는 구상을 시

사진 6 화장실 표식

사진 7 거실 표식

도했다. 기본적으로 표식이 없어도 쉽게 위치를 알 수 있는 공간구성이 요구되는 것은 말할 것도 없다(사진 6~11).

⑨ 기타

내관자가 자유롭게 휴식하고, 교류를 활성화하는 무장애공간 광장의 공간에서는 다양한 커뮤니케이션 · 생활지원기기가 전시되어 있다. 또 건강 지향식을 즐기는 식당은 메뉴와 함께 식탁 등의 가구디자인에서도 많은 시민이 이용할 수 있도록 배려하고 있다.

◆경위

계획단계에서는 관계자가 위원회를 개최하는 등 계획내용에 대한 검토가 거듭되었다. 설계 제안(Proposal)이 실시된 것은 이들 계획내용이 거의 기본방침으로 결정되면서부터이다. 일반석만으로 1,500석의 홀이나 크고 작은 연수실 외에 35실의 숙박실을 갖춘 것이다. 주변지구의 면적 무장애 공간 정비의 일익을 담당하는 시설이기도 하다. 시설을 오픈한 후부터 관계자의 견학이 많다. 기본적으로 국제장애인교류센터이기 때문에 당연히 장애인 전문시설이라 생각하겠지만, 이용실태를 보면 인근 뉴타운 주민

사진 8　플로어 표식

사진 9　주차장의 벽면 표식

사진 10　주차장 벽면 표식과 유도조명

사진 11　손가락 문자의 충돌방지표식

투명한 FIX창은 야외 경치에 눈을 빼앗겨서 무심결에 밖으로 나가려다가 머리를 부딪칠 위험이 있는 곳. 그 충돌방지용으로 수화를 디자인한 손가락 문자를 붙이고 있다.

사진 12　목업(Mock up) 실험 풍경

사진 13 복도 바닥 표식

사진 14 계단 바닥면 표식

부터 정상인의 이용도 잦아, 현재는 연수실이나 숙박실의 이용도 순조롭고 예약도 많다. 이번에는 설계프로포절 팀의 일원으로 참여했으나본 시설의 설계·공사에서 본격적으로 목업을 이용한 무장애공간 디자인을 시도할 수 있는 기회를 얻었다.

◆계획단계의 특징

목업(Mock up-실물크기 모형)에서는 막대한 시간과 돈을 필요로 한다. 실험수순과 피험자의 선정과 협력을 어떻게 할 것인가. 실제 사용상황에 가까운 리얼리티를 만족하는 실험프로그램의 형태 등 검토과제가 많았다. 목업에 대해서는 주로 숙박실 관계와 공공화장실을 대상으로 했다(사진 12).

제1스테이지의 목업(예비실험)에서는 숙박실의 욕실과 화장실, 공공화장실을 대상으로 실시되었다. 이들 3개의 유닛모델에 대해서 각각 실험을 행했다. 그 외에는 도면상에서 시뮬레이션이 행해지고 문제점과 과제의 추출이 이루어졌다.

사진 15　홀 자동문 앞의 바닥면 표식
바닥의 마무리 색과 소재를 구분함으로써 문의 개폐의 움직임을 나타내고, 안전대책에 일조하고 있다.

제2스테이지의 목업(본실험)에서는 욕실이나 화장실에 침실을 추가한 숙박실 자체와 복도, 공공화장실을 대상으로 했다. 모두 예비실험에서의 결과를 바탕으로 설명서를 검토하고, 최종안으로 뽑힌 설명서로 만들어지고 내장, 가구 등의 인테리어의 종합평가(분위기의 평가 등)를 실시했다.

◆실시단계의 특징

장애인의 문화활동을 지원하는 전문적인 시설이면서 결코 장애인에게만 한정된 차원의 시설로 하지 않고, 누가 봐도 좋은 시설이라고 생각할 수 있는 디자인을 목표로 하고 있다. 홀 등은 다목적 공간구성을 바탕으로 무장애공간 전개를 시도하고 있다. 조례나 기준에 따른 무장애공간의 합격선을 목표로 하지 않고, 한발자국 더 내디딘 제안을 포함하는 것에 관계자들도 협력해서 몰두하고 있다. 예를 들어 휠체어를 탄 사람에게 장애가 되는 위치에 유도블록을 무턱대고 까는 것이 아닌 바닥의 소재와 색을 구분해서 유도효과를 가져올 수 있도록, 이에 대신하는 바닥의 마무리를 구상하고 있다(사진 13~16). 기본적으로 유도블록이 없어도 알기 쉬운 공간을 실현하기 위해서 원플로어 전개를 기본으로 동선계획을 알기 쉽고,

사진 16 빛을 활용한 벽면 디자인
안뜰을 중심으로 배치된 객실을 잇는 복도의 벽면 디자인을 4면 모두 바꾸었다. 시각적으로 이용자에게 색채나 빛에 인상을 주어 장소에 대한 기억을 강하게 하는 것이 목적이다.

공간 자체가 표식이 되는 공간디자인에 유의하고 있다. 설계나 공사단계에서 많은 장애인이나 관계자들부터 의견을 청취하고 있다. 생활자의 시점에서 검토해보면 여러 패턴이나 아이디어가 나온다. 발로 조작하는 엘리베이터의 버튼 등이 그 예이다.

목업실험을 거쳐서 완성한 다음, 오픈 후에도 다시 이용자나 시설관계자들에게 조사나 시설공간에서의 실험을 실시했다. 이것은 끊임없이 사용자의 과제 추출을 피드백하여 무장애공간의 수준을 높여나간다고 하는 프로포절 시점부터 목표해 온 빅아이(BiG・i)의 설계 기본사고에 기반하고 있다.

◆기획으로서의 평가・전망

수차례에 걸친 건축프로세스의 관계자 참여와 협동에 의한 검토가 계속되었다. 목업에 의한 검증실험을 도입하고, 조례나 기준에 따른 무장애공간만이 아닌 또 장애인이라는 한정된 대상자 차원의 시설에 머무르지 않고, 누구나가 저항감 없이 사용하기 편할 뿐 아니라 비상시의 대응에도 연구를 하고 있다.

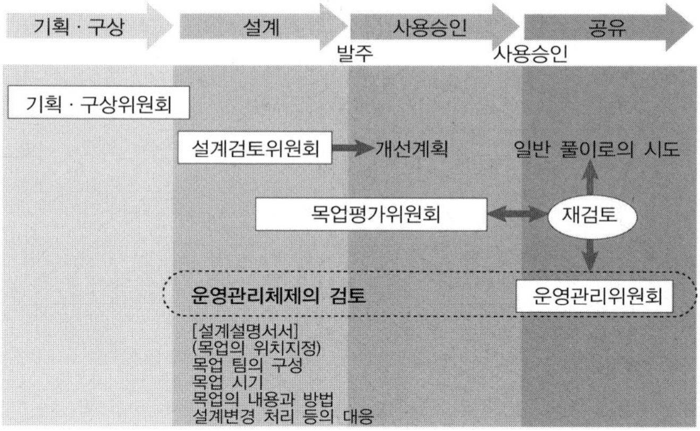

그림 2 건설프로세스

일련의 실험종료 후에 행한 관계자의 의식조사에서 관계자의 의식을 바꾸거나 설계의 자세나 제조에 대한 사고를 바꾸는 등에 영향을 미친다는 것을 확인했다. 설계관계의 기준으로만 만드는 것이 아닌 장애인 등의 사용자를 끌어들이면서 진행하는 방법은 협동(Collaboration)사상을 구현화한 새로운 무장애공간을 지향한 것이다. 사용승인 후에도 시설관계자의 시설연수회를 개최하고, 이용자의 설문평가나 장애인 등의 시민협력으로 평가에 따른(Follow up) 검증을 하고, 앞으로의 개선 제안을 행하고 있다. 지금도 또한 수많은 국내외부터의 견학자의 방문은, 유니버설디자인의 모델프로젝트로서 이들의 프로세스나 몰입한 자세가 사회적으로 인정받았다는 것을 나타내고 있다.

즉, 본 프로젝트는 설계방법론으로서의 제안이기도 하다.

본 사례에서는 장애인시설로서 필요한 무장애공간 대응뿐만 아니라 공공시설로서 많은 사람이 안전 · 쾌적하게 이용할 수 있는 유니버설디자인으로서의 시도가 도입되었다. 지금까지의 요점을 정리하면 다음과 같다.

1. 어느 내용에 대해서도 목업 검증이나 당사자들의 의견조사 등에 의한

검토를 하고 유니버설 디자인으로서의 사인(Sign) 제안을 시도했다.

2. 관계자가 협동(Collaboration)하고 유저를 끌어들이면서 진행하는 계획방법이 도입되었다.
3. 시각적인 배려만이 아닌 오감을 활용한 디자인의 궁리가 도입되었다.

이상 본 사례에서 사인뿐만 아니라 관계자의 의식, 설계 자세나 제조에 대한 사고방식을 바꾸는 것으로 이어지는 프로세스나 몰입하는 자세를 사회적으로 나타내는 의미는 크다고 생각한다.

큰 건축공간의 구성만이 아닌 진정으로 필요한 정비는 무엇인가, 어디까지의 설명서를 갖춰야만 하는지 등 검토해야 할 과제는 많다. 형식 통일의 필요성과 보다 좋은 설명서의 추구 등, 전해야 할 정보가 있는 장소를 표준화하지 않으면 정보를 전달할 수 없다. 이용자의 시점에서 검토해 나가면 여러 패턴을 생각할 수 있다. 본 프로젝트에서는 건축공간으로서 이 시점에서의 최선을 추구했으나, 유니버설디자인으로서는 앞으로의 사회적인 기술이나 수준에 따라 검토해야 할 것도 많다.

—— **참/고/문/헌**

- 田中直人「モックアップ実験検証によるバリアフリ－設計「国連・障害者の十年」記念施設(仮称)の設計プロ セスを通して」日本建築学会大会学術講演梗概集 161, 162頁, 2001年
- 田中直人, 遠松展弘, 坂本鐵司「座談会＋ケーススタディ国際障害者交流センタ－ビツグ・アイ」(『TOTO通信』 2001年 12月号) 中原編集室
- 老田智美・田中直人「肢体不自由者および視覚障害者による避難用エレベ－タを利用した避難経路検証実験-障害者交流施設におけるユニバ－サルザイン化に関する研究」日本建築学会大会学術講演梗概集 927, 928頁, 929, 930頁, 2003年
- 田中直人・老田智美「五感を活用したユニバ－サルデザインとしての内装材の検討－視覚障害者の安全快適な誘導装置としての床材を活用した空間構成システムに関する研究」, 日本福祉のまちづくり学会, 第8回全国大会概要集 379~382頁, 2005年

유니버설디자인으로 다양한 고객대응을 실현

다나카 나오토 · 오이다 도모미(田中直人 · 老田智美)

◆경위와 건축기획으로서의 테마

대형 쇼핑센터(이하 SC)는 단순한 상업점포의 집합체가 아닌 하나의 도시계획과 같은 역할과 기능을 갖춘 환경정비가 필요하다. 거기에 모이는 많은 사람들에게 생활의 꿈이나 풍요로움을 느낄 수 있는 편의성과 쾌적성을 갖춘 환경디자인이 요구된다.

대형 SC인 다이아몬드 시티(현 이온몰)에서는 주차장, 화장실, 간판 등 검토해야 할 대상공간이 많은 상업시설로서 유니버설디자인 시점에서 새롭게 시설계획을 검토하게 되었다. 기본적으로 해당 사업자는 전국 각지에 대형 SC를 건설하고, 지역 구매층을 확대해 왔다고 할 수 있다. 시설의 성격상 대형 핵심점포와 수많은 전문점을 중심으로 구성되는 경우가 많고, 그 타깃이 자녀를 키우는 패밀리 층을 중심으로 생긴다면 여성고객으로 이동하는 점포구성 경향을 엿볼 수 있다. 시설의 입지로는 역 앞이나 공장철거지 등 기성시가지에 계획하는 것부터 시가지 교외에 대형 주차장을 갖추고 계획되는 것까지 다양하다.

여기에서는 필자가 유니버설디자인 감수를 담당한 구마모토(熊本) '클레어(Clair)' · 오사카 '리파(Leafa)' · 도쿄 '뮤(Mu)' · 센다이(仙台) '에어리(Airy)'의 4개 프로젝트의 몰입 개요를 소개하겠다(표1).

표 1 4개의 프로젝트 개요

	Clair (클레어)	Mu (뮤)	Leafa (리파)	Airy (에어리)
소재지	구마모토현 가미마시키군 가시마마치 오아자 우에지마아자 나가이케 2232	도쿄도 무사시무라야마시 에노키 1-1-3	오사카시 츠루미쿠 츠루미 4-17-52	미야기현 나토리시 마스다아자 가모시타 460 (17가구 1획지)
부지면적	약 224,00m²	약 137,000m²	약 57,000m²	약 158,000m²
바닥면적	약 104,000m²	약 150,000m²	약 150,000m²	약 117,000m²
주차대수	약 4,500대	약 4,000대	약 2,170대	약 3,900대
자전거주차수	약 1,650대	약 2,000대	약 3,000대	약 1,000대
오픈일	2005년 10월 10일	2006년 11월 18일	2006년 11월 25일	2007년 2월 28일

시설기능으로서도 상업시설로써의 물건판매만이 아닌 음식이나 각종 서비스 기능에 더하여 시네마 등의 엔터테인먼트, 클리닉, 헬스케어 등의 건강이나 의학에 관한 수요에 대응한 것까지 다양하다. 공간구성에 앞서 먼저 어떠한 테넌트업체를 유치할지에 대한 프로그램이 해당 시설의 형태를 크게 좌우하는 듯하다.

이들 점포의 기획에서 갑자기 건축의 물리적인 환경계획이 아닌 주변지역의 구매층 동향이나 여러 지역특성부터 사회동향 등의 설문・분석이 진행되었다. 한편으로 지금까지 수많은 기획, 건설한 실적에서 피드백되는 경험치의 상식이나 철학도 관계자의 노하우로 갖추고, 이들을 관련시켜 물건에 대한 전략적인 유니버설디자인의 기획을 제안했다.

◆콘셉트

지역 실정은 고령자의 증가, 일상적인 장 등의 생활행동에서 최근의 복지도시계획이나 무장애공간의 진척에 의해서 예전과 비교해서 외출이 쉬워졌다고는 해도 아직까지도 접근성(Accessibility)에 제약이 있는 지역주민도 많다. 종래의 젊은 여성고객을 중심으로 가게를 만드는 것이 아닌 문자 그대로 다양한 가족이나 이용자의 특성을 충분하게 고려해서 가게를 만드는 것이 요구된다.

이들 프로젝트는 유니버설디자인으로서 어디까지 다양한 고객을 전제로 계획하고 지금까지의 법 기준 등에서 규정되었던 무장애공간을 넘어선 매력적인 시설이 실현될 수 있는지가 테마가 되었다. 각 SC에서 그 실현을 이루기 위한 콘셉트가 설정되었다.

구마모토 '클래어'는 '어번 엔터테인먼트 콤플렉스~가장 사랑하는 사람과 행복한 시간을 지내는 도시'로 추억에 남는 엔터테인먼트성을 중시하고 '대접하는 마음'을 표현하기 위해, 빛·물·녹지 등의 자연소재를 충분하게 살리면서 중공(中空)이나 조명, 아트워크(Artwork) 등을 인상적으로 받아들인 공간구성으로 되어 있다.

오사카 '리파(Leafa)'는 '그날그날의 조금 멋진 릴랙스'를 콘셉트로 새로운 감동과 생활이 가득한 SC를 목표로 하고, 사람과 환경에 좋은 SC로 건강한 사람은 물론 고령자, 임산부, 장애인 등 모든 사람이 안심하고 이용할 수 있도록 오사카 시내의 상업시설로는 처음으로 유니버설디자인이 본격적으로 도입되었다. 또한 환경보전을 고려한 전력회사가 추천하는 축열수탁제도(蓄熱受託制度)를 이용한 대규모 빙축열시스템을 채용하여 CO_2 감소를 시도했다. 거기에 새로운 시도로 오사카시 교통국과 제휴하여 쇼핑과 연동한 승차요금할인 서비스를 실시하고, '환경에 좋은'을 테마로 오사카시가 운영하는 지하철, 버스 등 대중교통기관의 이용을 촉진하는 시도를 도입했다.

도쿄 '뮤(Mu)'는 '애착과 일체감을 조성하는 새로운 도시 창조'를 콘셉트로 개발에 착수하고, 도쿄도 내에서 처음으로 본격적인 '3핵 1몰[역자주81)] SC'을 형성하고 있다.

센다이 '에어리(Airy)'는 '당신이 좋아하는 도시'를 콘셉트로 퀄리티가 높

---

81) 3개의 핵심점포가 하나의 몰을 형성

사진 1 도시의 쌈지공원
지역의 휴식공간으로도 활용하도록 외곽에 4계절의 변화를 즐길 수 있는 식재와 함께 파고라, 벤치 등을 정비했다

은 쇼핑환경의 창출을 시도했다. 필자는 어린이용 화장실이나 수유실의 스노젤렌(Snoezelen)역자주82)의 도입 등을 시작으로 동북지역에서 처음으로 본격적인 유니버설디자인의 기획제안을 실시했다.

이들 시설에서는 모두 다른 시설과 똑같이 '고향의 숲 만들기'로 지역주민과 함께 지역에 자생하는 수목의 묘목을 부지 내에 옮겨 심는 식수제(植樹祭)를 지내고, 지역 속에서 주민과 함께 환경을 만들고 키우는 운동을 시설계획과 연동하며 실시하고 있는 것이 특징이다(사진 1).

◆경위와 개요

이들 기획에서 제일 먼저 요구되는 것이 이미지 구축이다. 이미지는 해당 부지에 지역환경으로서 원래부터 다루어진 경우도 있지만, 각 지역의 전략적인 이미지 속에서 해당 시설의 성격이 매겨지고 필요한 규모면적이나 업태, 기능구성이 검토된다. 유니버설디자인은 각 계획의 대략의 틀이 잡힌 단계부터 보다 많은 고객에게 안심·쾌적한 유니버설디자인으로서의

---

82) 특정 공간에 촉각, 시각, 청각, 후각 등 감각을 자극하는 기구들을 설치해 정신지체인, 자폐증, 치매 환자들을 보호 또는 치료하는 심리안정 및 감각반응촉진기법.

사진 2
청취조사 광경[다이아몬드시티(현 이온몰) 이타미(伊丹)테라스]

기획이 검토되어 나갔다.

구마모토 '클래어'는 유니버설디자인의 적극적인 추진을 시도한 구마모토 현에서 계획된 대형 SC로 기존의 상점가나 상업지구와 함께 지역활성화나 매력 구축에 이어지는 도시계획으로서, 이용자 시점에 입각한 관민 협력으로 이루어진 유니버설디자인의 실천으로 실시된 것이다.

오사카의 '리파'는 츠루미료쿠치(鶴見録地)공원 근처의 공장 터에 계획된 것으로, 꽃박람회(花博)[역자주83]를 개최한 츠루미료쿠치를 대표하는 자연이 풍부한 지역에 오사카 시내에서 처음으로 몰형 쇼핑센터가 개발되었다. 또 이 지역은 지하철 나가호리츠루미료쿠치(長堀鶴見録地)선의 정비로 교통이 더욱 좋아진 점에서 맨션 개발이 활발하고 급격하게 인구가 증가한 고밀도 주택지역이기도 하다. 오사카시의 협력을 받아 장애인 등의 참가를 얻어서 목업(Mock up) 검증 등이 도입되고 있다.

도쿄의 '뮤'는 무사시무라야마(武蔵村山)의 자동차공장 터에 계획된 것으로, 근방의 주택이나 병원 등의 정비와 함께 진행된 도시개발 프로젝트이다.

---

83) 1990년에 오사카(大阪)시에서 실시한 '국제 꽃과 녹지의 박람회'

센다이의 '에어리'는 센다이공항에서 가까운 나토리(名取)시에 구획정비 사업계획의 일환으로 계획된 것으로, 센다이공항선의 철도정비와 겸해서 건설된 역사(驛舍)와 직결하는 대형 상업시설이다. 여기에서도 나토리시의 협력을 얻어서 장애인 등의 참가에 의한 청취조사나 현장검증 등이 도입되었다.

◆계획단계의 특징

해당 SC의 유니버설디자인 계획을 진행함에 있어서 본 프로젝트에서는 기존의 법 정비뿐만 아니라 유니버설디자인으로서 하드에서 소프트까지를 폭넓게 검토하고 있다. 사전에 비슷한 사례 시설 이용자의 의식설문조사를 도심입지형 및 교외입지형에 대해서 실시했다. 더불어 지역의 실태조사(관찰조사, 청취조사)를 실시했다(사진 2). 그 결과에서 나온 과제나 요구에 되도록이면 구체적으로 대응할 수 있도록 주차장이나 화장실 및 휴게시설의 계획, 주요 이용자의 수평 및 수직 이동공간・설비, 이에 관련하는 간판계획을 시작으로 유니버설디자인으로서 할 수 있는 것의 구체화를 목표로 디자인을 제안했다(사진 3~11).

◆실시단계의 특징

실시설계 및 시공단계에서는 필요한 공간 부위에 목업을 제작하고, 지역 장애인을 포함한 시민이나 공사관계자와 함께 워크숍을 개최하고, 편의성이나 쾌적성 등을 평가 검증하고 설계설명서의 개선을 시도했다(사진 12). 거기에 개장 후에도 평가검증 워크숍 및 이용자에 대한 설문조사를 실시하고, 유니버설디자인으로서 어디까지 안심・쾌적한 시설환경 구축이 달성되는지 사후평가의 검토를 더하여, 보다 향상된 개선으로 프로그램을 관계자와 공유할 수 있는 데이터 정비에 노력하고 있다.

각 SC에서 공통으로 검토된 사항도 많지만 시설에서 개별적으로 도입을

사진 3 랜드마크로서의 클래어 타워
풍경을 보면서 움직이는 주차장 이용자를 배려한 건물의 파사드가 독특한 디자인

사진 6 시설 내 종합안내간판
현재 위치를 알기 쉽도록 하기 위해 빛나게 했다. 숫자로 점포를 표현, 어린이와 휠체어 이용자의 눈높이에도 고려했다.

사진 4 인포메이션 센터

사진 5 화장실 입구의 표식
메인 통로에서 안쪽에 배치한 화장실로 유도

사진 7 화장실 유도용 바닥과 천장(뮤)

사진 8　바닥의 마무리 소재에 의한 유도와 휠체어 이용자 등의 보행 장애의 감소

바닥의 마무리 소재에 의한 유도와 휠체어 이용자 등의 보행 장애의 감소. 장시간 걸어도 피곤해지지 않는 타일카펫과 카트나 휠체어로도 이동하기 편한 자기질 타일을 구분하고 있다.

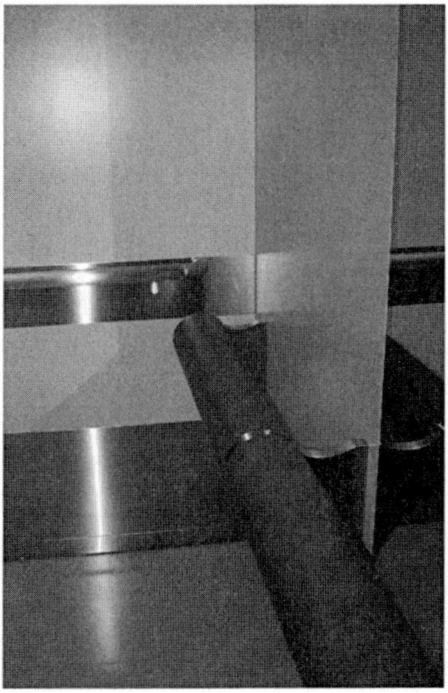

사진 9　엘리베이터에 걸쳐 앉을 수 있는 손잡이의 간편화

사진 10　리딩 라인(Leading line)

야간의 부지 내 이동의 안전성을 확보하기 위해 도로에서 메인 입구까지 조명을 심었다. 심야연출과 시인(視認)성의 향상을 고려했다[리파(Leafa)].

사진 11　주변도로의 혼잡정보

차량 이용자를 위한 각 층의 입체주차장 입구에 설치하여 정기적으로 정보를 제공하고 있다[리파(Leafa)].

사진 12 워크숍 광경

꾀한 유니버설디자인의 시도도 많다. 유니버설디자인의 감수 측 의향이나 제안은 실시에 앞서 꼼꼼하게 검토되고, 관련 실시 담당팀이 지시하는 체제를 택했다. 실시단계의 특징으로는 건설을 담당하는 건축 본체의 설계 담당자, 내장 설계담당자, 시공회사 담당자와의 협동작업에서의 입장 차이가 유니버설디자인으로서의 실시단계의 완성에 영향을 끼친 부분도 있다.

실시단계에서는 유니버설디자인으로서의 연구 검토가 간판계획이나 화장실계획, 이동공간계획 등에 의해 구체적으로 거듭되었다. 디자인 포인트는 ① 직감적으로 관계되는 연구, ② 보기 쉽게 하는 연구, ③ 오감의 활용, ④ 표준화의 시도를 시작으로, ⑤ 폭넓은 대응, ⑥ 안전성 확보, ⑦ 친근감, ⑧ 아름다움의 연구 등이다.

시각적으로는 단순하게 알기 쉬운 표식만이 아닌 지역경관이나 인테리어요소로서 개성이나 분위기의 조화를 중시했다. 자연광이 넘치는 중공형 공간에 의한 트인 공간을 이용하고, 벽 전체나 기둥, 바닥을 활용한 통일 색상에 의한 표식으로 유도를 시도했다. 다채로운 점포의 거리풍경 속에서 알기 쉽고 아름다운 간판을 어떻게 실현할 것인가라는 시도였다.

화장실 주변에 대해서는, 고령자나 장애인은 물론이거니와 여성이나 어린이에게 충분히 배려하고, 관리성이나 고급감, 최신기기를 사용한 편안함을 추구하고 있다. 디자인에서는 편의성에 덧붙여 편안함과 즐거움, 알기 쉬움을 추가하고 있다. 부스 출입문의 개방방식이나 조명계획도 유니버설 디자인을 배려했다. 다기능 화장실은 오스토메이트(Ostomate-인공항문 사용자)와 다목적 시트를 표준장비하고, 좌우 반반의 화장실 배치, 음성아나운스 유도의 대응 등도 도입하고 있다. 오스토메이트 설비의 레이아웃이나 디자인에도 새로운 사고를 제안하고 있다.

이동공간의 몰 바닥의 포장에는 재질이나 색의 조합에 의한 보행자에게 유도가 편하도록 주행성 향상을 시도함과 동시에 각 구역의 테마나 분위기를 조성하는 그래픽디자인을 도입하고 있다. 또한 엘리베이터나 에스컬레이터의 배치나 승강구의 디자인에서도 알기 쉽게 하고 안전성을 추구했다.

◆기획으로서의 평가・전망

설계・디자인 관계자의 담당범위나 역할분담과 종합적 조정기능의 명확화가 기획을 실현하는 실시단계에서는 중요해진다. 실시단계에서는 구체적인 제안의 도입을 도모할 필요가 있다. 이 제안에 관련한 개별적인 공간부위에 관계하는 화장실 등의 설비기기 제조업체의 책임은 중대하지만, 이들에 관한 JIS(Japan Industrial Standard-일본공업규격)나 ISO(International Organization for Standardization-국제표준화기구) 등에서 표준화를 진행하는 관계자의 책임도 크다. 게다가 제네콘(General contractor-종합건설업체)에 의한 설계시공체제가 중심인 프로젝트에서는 건축설계사무소의 유니버설디자인에 관한 관여는 거의 없고, 오히려 내장관계 디자인 관계자의 작업으로 되어 있는 실정이다. 또한 기준 그대로나 유사사례의 모방을 제안해오는 경우가 많고, 유니버설디자인이라고 해도 틀에 박힌 무장애공간으로 일관하는 경우도 많다. 거기에서 보다 높은 유니버설디자인의 실현을 도모하기 위해서도 많은 당사자 등의 참가와 참여가 중요하지만, 예산이

사진 13
수유실 주변의 스노젤렌의 도입

나 시공기간, 운영 측의 의향 등의 다양한 조건 속에서 이들의 의견이나 제안을 구체적인 해결방법으로 디자인까지 승화시킬 코디네이트가 필요하다.

유니버설디자인을 한정한 뒤를 이은 디자인으로서 장애인대책 등의 복지디자인을 중요하지 않게 생각하는 관계자도 아직 많이 존재하는 것도 사실이다. 다시 말해, 이번 프로젝트는 이러한 인식을 타파하여 보다 새롭고 누구에게나 매력적인 환경을 디자인하려고 하는 시도였다. 예를 들면 네덜란드산으로 장애인 시설의 설비인 '스노젤렌(Snoezelen)'을 감수 측에서 실시제안으로 계획하고, 수유실 주변을 모자간의 안식공간 환경디자인으로 기획한 것도 이러한 의도에서이다(사진 13). 대형 SC로 계획된 시설의 화장실이나 수유실에서 누구나 안심하고 안전하게 즐거운 환경을 제안할 수 있었다. 이에 대해서는 지역주민·이용자의 협력을 얻어서 UD(Universal Design)검증실험 등을 실시하고, 앞으로도 보다 좋은 시설을 목표로 하는 계획이다. 끊임없이 진화하는 디자인이 요구되는 유니버설디자인 기획 실현에는 많은 사람들의 참가와 이해가 불가결하다. 이러한 의미에서 본 프로젝트는 워크숍 등의 기획프로듀스 등 이용자의 참가와 참여에서 얻은 많은 의견을 반영하고 있는 사례라고 할 수 있다.

사례 9

—— 참/고/문/헌

- 田中直人「現地で検証UD先進事例第3回ダイヤモンドシテイ・エアリー子連れに配慮した動線とトイレ」(『日経アーキテクチュア第845号』)日経BP社, 2007年
- 田中直人, 老田智美, 彦坂渉「イオンモール鶴見リーフアにおけるユニバーサルデザイン化の試み」第26回地域施設計画シンポジウム地域施設計画研究26, 日本建築学会, 2008年
- 老田智美, 田中直人, 彦坂渉「大型ショツピングヒンターにおける幼児連れ来店の滞在時間と施設整備要因の関係性ー大型ショツピングセンターのユニバーサルデザイン化整備手法に関する研究」第26回地域施設計画シンポジウム地域施設計画研究26, 204~209頁

A Column 모든 이용자를 위한 오감을 자극하는 환경디자인 · 간판(Sign)계획

다나카 나오토(田中直人)

사인(Sign)이란 '표시', '부호', '신호' 등 전달하고 싶은 내용을 기호로 나타낸 것이나 행동을 말하며, 즉 안내표식, 간판, 안내지도 등 생활에 사용되는 정보전달기술 중 하나이다.

사인은 위치하는 공간조건이나 목표에 따라 다양한 종류가 있다.

지금까지 무장애공간 디자인으로서 휠체어 사용자를 위한 사인의 높이나 심벌마크의 위치, 시각장애인에 대한 사인으로서의 점자표지나 바닥의 점자블록 위치 등이 추진해 왔지만, 다른 장애인에 대한 배려나 사인으로서의 체계적인 배려에 대해서는 아쉽게도 불충분하다고 할 수밖에 없다. 어떠한 구상을 하면 특정 이용자의 요구만이 아닌 보다 많은, 가능하면 모든 사람에게 좋은 디자인을 실현할 수 있는가, 지금 유니버설디자인이라는 생각이 주목 받고 있다.

인간은 환경에서 정보수집의 80% 이상을 시각에 의지하고 있다고 한다. 우리들의 환경으로의 사인도 시각을 이용하고 이해시키는 것이 많다. 시각장애에 대해서는 점자나 촉지식 안내도에 따른 촉각이나 음성에 의한 안내, 청각장애에는 음성에 의한 정보를 문자나 그림(Pictograph), 영상, 수화 등의 시각정보 진동이 수용 가능한 모드로 변환해서 전달할 필요가 있다. 소리에 의한 신호나 주의를 환기할 경우, 수용한 정보의 이해를 촉진시키기 위해 그 소리의 정보내용의 빛이나 기타에 의한 정리, 구조화가 중요해진다. 지금까지 한신(阪神) · 아와지(淡路)대진재(大震災)라고 하는 화재 경험에서 자막을 넣은 경계정보 등의 몰입이 진행되었다. TV방송의 자막은 청각장애인만이 아닌 다른 시청자에 대해서도 유효하고, 앞으로 더욱 보급될 것을 기대한다. 최근 IT를 활용한 정보 무장애공간이 고려되고 있으나, 그러한 정보로의 접속이 시각 · 청각장애가 있다고 소외될 필요는 없다. 동시에 시스템으로서 IT를 활용하는 것만이 아닌 모든 사람에게 좋은 사인으로서 알기 쉽고 친해질 수 있도록 유의하지 않으면 안 된다.

사인환경의 유니버설디자인(주1)으로 필자는 사인계획의 '알기 쉬움', '폭넓은 대응', '안전성', '친근함', '아름다움'의 5가지 원칙을 제창하고 있다. 시각기능에서 보다 한층 연구를 더하여 인간의 지각기능으로서 청각이나 촉각, 후각 등의 감각을 활용한 사인의 연구도 유니버설디자인으로의 접근으로 중요하다고 생각한다. 5가지 원칙을 실현하기 위해서는 사인계획에 머무르지 않고 많은 디자인 영역에서의 전개가 고려된다. '오감을 자극하는 환경디자인'이라는 접근을 제안하고, 그 디자인 가능성을 전개한 것도 이와 같은 사고가 발단이 되어 있다.

유니버설디자인의 시점과 사인계획으로의 시점, 다양한 감각을 활용한 사인

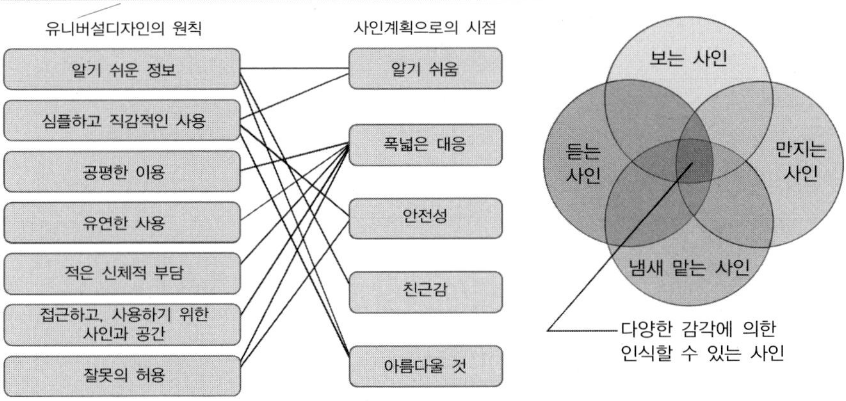

사인계획의 5가지 원칙

주 1 『사인환경의 유니버설디자인–계획 · 설계를 위한 108의 시점』 가쿠게이(学芸)출판사, 1999년

B Column | 누구나 이용 가능한 정보시스템 · 유비쿼터스(Ubiquitous)

다나카 나오토(田中直人)

최근의 정보시스템 분야의 급속한 진보는 정보장애인에게 많은 은혜를 가져오고 있다. 그러나 한편으로 액정표지나 터치패널식의 ATM(자동현금지급기)이나 자동판매기 등의 전자제품이 증대하여 시각장애인에게 새로운 장애가 되고 있다.

유비쿼터스 사회의 새로운 기술도입으로 많은 이동지원시스템이 제안되고 실험적 시도도 볼 수 있게 되었다. 현장에 설치된 IC태그를 경유하여 정보를 입수하는 것은, 지금까지의 사인에는 없는 TPO에 맞춘 정보제공의 가능성이 있다. 그러나 실제 운용프로그램이나 관리시스템, 비용 등 많은 과제를 해결하지 않으면 안 된다.

국토교통청에서는 한신(阪神) · 아와지(淡路)대진재(大震災)의 경험을 이제부터의 일본사회에 살리려고 '언제든지 어디서든지 누구든지' 접속할 수 있는 유비쿼터스한 환경을 구축하기 위해 프로젝트를 피해지역인 고베(神戸)시를 모델지역으로 실증실험을 진행하고 있다. 시스템 구축 콘셉트는 ① IC태그 등의 첨단기술력을 개방된 환경에서 살리고, 세계로 발신하는 시스템으로 만들어 나간다. ② 장애인의 자립적인 이동 서포트나 건강한 사람이나 외국인도 쉽게 접속할 수 있는 재해 시 구명구조 등의 SOS발신, 구원지원 등 범용성, 확장성 있는 시스템. ③ 전체시스템으로서 요소기술에 관한 국제표준을 목표로 하는 것이다. 검증실험은 고베에 이어서 일본 각지에서 진행되고 있다.

필자는 이 프로젝트를 신칸센 구마모토(熊本) 신역 정비에서 실제적으로 정보콘텐츠의 형태를 포함해서 실용화로의 검토가 거듭되고 있다. 이 검토작업에서 유비쿼터스 사회의 새로운 사인 · 정보시스템을 어떻게 정착시키고 기능시킬지, 거기에 오다와라(小田原)시에서도 교통무장애공간협의회와 함께 컬러코드를 사용한 유비쿼터스 검증실험을 실시하고, 앞으로의 유비쿼터스 사인으로의 과제 극복과 기획 가능성을 검토하고 있다. 유비쿼터스 기술의 도입 · 기획에 있어서는 보다 많은 사람이 이용하기 편하고 알기 쉬운 보증이 기본이라는 것을 잊어서는 안 된다.

구마모토역 '라쿠라쿠(楽らく) 안내패널'

오다와라 유비쿼터스 검증실험

CHAPTER 2

좌담회

꿈을 실현하는 힘이란 무엇인가

좌담회

앞으로의 건축기획 '트랜드의 저편'

다츠미 가즈오(巽和夫)(교토대학 명예교수) × 가시와라 시로오(柏原士郎)(오사카대학 명예교수, 무코가와(武庫川)여자대학 교수) × 다카다 미츠오(高田光雄)(교토대학 교수)
사회 : 다나카 나오토(田中直人)(쇼난(摂南)대학 교수)

다나카 일본건축학회에서 '건축기획소위원회'가 탄생한 것은 1981년으로, 이후 수많은 연구성과가 출판물로 간행되고 있습니다. 이들의 활동을 리드해온 역대 주사께서 참석해 주셔서 프로젝트기획과 사회적 기획 등 기획에 관한 본질이나 건축기획이란 무엇인가에 대해서, 또 건축기획의 실패사례와 성공사례를 통해서 보여지는 건축기획의 현황과 과제, 그리고 현재, 사회가 앉고 있는 글로벌리즘과 내셔널리즘, 지구환경문제들, 인구·가족문제들 등의 건축기획을 규정하는 문제들을 짚고 앞으로의 건축기획에는 어떠한 것이 요구되는지에 대해 얘기해 주셨으면 합니다.

건축기획이란

다나카 먼저 '건축기획'이라는 단어나 실제 업무내용에 관해서는, 사회적으로는 아직 충분하게 침투되어 있지 않다고 봅니다. 그 의식이나 내용에 대해서는 어떻습니까?

다츠미 건축기획에는 두 개의 단계가 있습니다. 첫 번째 단계는 건축의 사업목적 등에서 추출된 건축목적의 설정. 두 번째 단계는 그것을 건축조

사진 1 회의장의 모습

건으로 전환하는 것입니다.

또한 건축기획에는 프로젝트기획과 사회적 기획이 있지 않나 생각합니다. 프로젝트기획이라고 하는 것은 무언가 물건을 만들기 위한 기획. 사회적 기획에는 3가지 정도의 종류가 있어서 건축집단의 기획, 건축행위를 조화시키는 조정적 기획, 사회의 통일성을 목표로 하는 기획이 있습니다. 즉, 프로젝트기획이라고 하는 것은 하나하나의 건물기획이고, 사회적 기획은 사회 속에서 건축을 어떻게 조정하고 사회적으로 좋은 환경을 만들어 나갈 것인가라고 하는 기획입니다.

현대의 건축기획의 중요성

다나카 건축이라고 하는 것은 기획, 설계, 시공하고 이용하는 과정이 있다고 생각합니다만, 이러한 건축기획이 어떻게 중요해졌을까요?

다츠미 건축사회가 크게 변했다는 것입니다. 그 변용이란 건축이 굉장히 대규모화하고 고도화한 것, 그리고 건축을 둘러싼 사회관계가 굉장히 복잡해졌다. 계획의 초기화, 동시화가 일어났다. 이로부터 건축의 상품화가 이루어진 것입니다.

사진 2 다츠미 가즈오

초기화, 동시화라는 말이 알기 어렵다고 생각합니다만, 요컨대 그 과정을 따라가는 것이 아닌 처음으로 전부 와버린다는 것입니다. 그렇기 때문에 처음부분이 굉장히 무거워지고, 예를 들면 기획단계에서 공업화 수법을 사용하는 것을 먼저 정해두지 않으면 시공단계에 이르러 공업화 수법을 사용하는 것은 무리지요. 그것이 초기화라고 하는 것입니다. 또 이들을 동시에 하지 않으면 안 된다고 하는 것이 동시화입니다. 기획단계가 굉장히 무거워지고 있다는 것으로, 시간의 중요성이 높아지고 있습니다.

옛날에는 건축주가 있고, 목수가 시공하는 것으로 시공이 굉장하게 중요했지요. 그러나 목수는 전통적인 공법, 자신의 몸에 밴 공법만으로 해왔기 때문에 새로운 건축은 할 수 없습니다. 거기서 설계라는 행위가 생긴 것입니다. 설계도 점점 연구를 진행해 나가면, 계획이라는 단계, 즉 설계를 이론화해 나가는 행위가 들어오는 시대가 됩니다. 그리고 나서 현재에는 더욱 왜 건축을 세우는지, 세우는 것이 좋은지 나쁜지, 라고 하는 것에 관련해서 기획이 굉장히 중요해지고 있습니다(그림 1).

다카다 1990년 타츠미 선생님이 소위원회의 주사를 맡으신 시절에 『건축기획론』이라고 하는 책은 고가로 4천 수백 엔이었다고 생각합니다만, 그럼에도 불구하고 굉장한 기세로 팔렸었죠. 『건축기획론』이 나왔을 때는 거품시기로 기획이라고 하면 드문 것, 새로운 것, 건축을 지극히 간단하게 기획을 하고 만든다는 것이 횡행했던 시대였죠. 건축학회의 책으로 소개하는 건축기획 개념은 그것과는 크게 어긋나 있었다. 그 후 다츠미

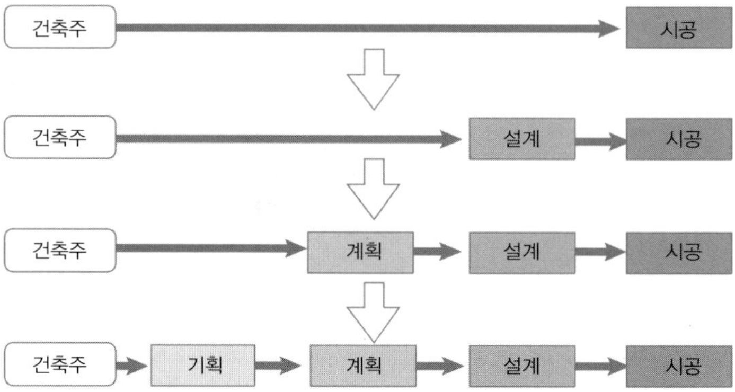

그림 1 건축행위 주도(Initiative)의 변천

선생님부터 가시와라 선생님, 게다가 제가 주사를 이어받은 세기가 끝날 무렵에는 사회의 기획개념 자체가 일변했다고 생각합니다. 새로운 것, 신기한 것을 만들어 나간다는 것보다 오히려 여러 사회문제의 대응이 중요해진 것입니다. 건축기획에 관한 사회적인 문제를 의논하는 것이 현재의 기획론의 중심이 되었다고 생각합니다.

다츠미 건축기획의 과정에서는 먼저 프로젝트의 발의가 있습니다. 어떠한 목적으로 무엇을 만들 것인가. 그리고 입지·부지조건이라는 것이 있어서 지구의 선정이나 입지조건, 사회환경조건이나 법률문제, 환경 사전영향평가(Assessment), 사회동향 등이 있습니다. 구체적으로는 수요조건, 수요예측, 의식조사, 사례조사, 현상조사라는 것이 있습니다. 이들을 연결해 나가면 건축기획은 4개의 타입으로 정리할 수 있다고 봅니다. 하나는 경영기획, 이것이 일반적으로 '기획'이라 일컬어지는 것으로 사업계획, 투자계획, 경영계획, 즉 경영적으로 어떻게 성립하는가, 비용계획, 운영비용 등의 문제입니다. 다음은 공간기획이라고 해서 이것은 여러분에게는 제일 알기 쉽겠군요. 공업화 문제를 이미지해 주시면 알 수 있습니다만, 기술을 종합하는 구조계획, 공법계획, 설비, 공업화, 공법, 물건을 만들기 위한 기술적인 계획·기획이죠. 이것이 중요해집니다. 그리고 또 하나의 타입, 조직을 만들기 위한 팀을 어떻게 할 것인가, 예를 들면 설계자나 시공자를 어떻게 고를 것인가, 테넌트업체의 문제, 조합의 설립 등을 생각하는 조직기획, 그리고 이들이 종합된 기획안이 만들어지고, 그것이 평가되어 설계와 시공으로 옮겨지는 것입니다.

건축계획 속의 기획

다나카 건축계획학의 영역 속에서 '건축기획'은 어떤 위치일까요? 건축계획은 '건축을 만드는 것'을 전제로 하고 있습니다만, 건축기획은 '(건물을) 만든다, 만들지 않는다'는 것도 포함해서 생각하는 듯합니다.

가시와라 건축계획이라는 학문체계는 제가 대학원생이었을 무렵에는 이른바 각론(各論)연구라고 하는 것으로, 예를 들면 도서관이나 병원이라고 하는 연구분야를 깊게 추구한다고 하는 스타일로 해왔습니다. 당시, 제 자신은 그것을 연관 지어서 생각한 규모계획, 입지계획 등을 연구하고 있었습니다. 그 과정에서 각론연구에 대해서 느낀 의문은 '불필요한 것은 만들지 않는다'라는 생각은 왜 못하는 것일까라는 것이었습니다. 저는 만드는 쪽이 좋은지, 만들지 않는 쪽이 좋은지라고 하는 것에 대단히 흥미를 느꼈습니다. 그렇게 생각하고 있을 때, 건축기획이라고 하는 분야를 알게 되었고, 건축계획은 건축기획에서 시작해야 한다고 생각하고 공부하고 싶어졌습니다. 기껏 만들었는데 잘 되지 않는 건축은 '하코모노(상자 안의 물건)건축'이라 불리며, 굉장히 비판되었습니다만, 저는 건축기획의 실패였지 않았나 생각합니다. 특히 공공건축에서는 여러 파탄이 일고

사진 3 가시와라 시로오

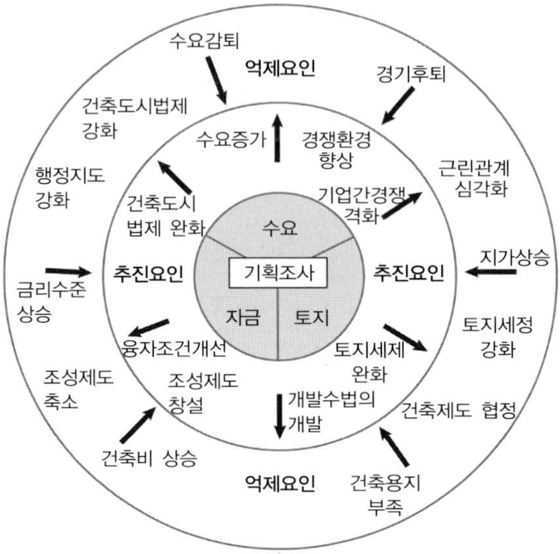

그림 2 기획조건

있어서 이들의 실패는 건축뿐만이 아니라, '기획'이 잘 안 된 것이라고 생각합니다. 실패의 정의를 생각해보면, '사람이 관여해서 행하는 하나의 행위가 처음에 정한 목적을 달성하지 못하는 것' 또는 '사람이 관여해서 하나의 행위를 행했을 때 바람직하지 않은, 예측하지 못한 결과를 초래한다'는 것입니다. 전자는 목적을 달성할 수 있었는지, 없었는지 라는 것입니다만, 후자의 '바람직하지 못한'이라는 부분에는 개개의 가치관도 관련하는 것으로 사회적으로 포착하여 생각하지 않으면 안 됩니다.

다츠미 기획에는 여러 조건이 있습니다. 건축기획이 어떤 행위인가 하면, 건축을 세우고 싶다는 수요가 있고, 토지가 있고, 자금이 있다는 것이 건축을 세운다고 하는 행위의 전체도입니다(그림 2). 그러나 돈은 있지만 수요가 정해지지 않았거나 토지도 없다. 수요는 있지만 토지가 없다, 자금이 없다. 토지는 있지만 수요와 자금이 정해지지 않았다 라는 형태가 사회에는 있습니다. 그래서 기획으로 개발자의 택지개발업자가 수요, 토지,

자금을 조달합니다. 건축프로젝트를 나열해보면, 건축기획이 굉장히 중요한 건물의 종류와 그리 중요하지 않는 것을 구분할 수 있습니다. 현재는 중요한 것이 늘고 있습니다. 게다가 어려워지고 있습니다. 건축기획은 원래 건축주가 스스로 행하는 것이 본래의 형태입니다만, 점점 힘겨워지고 건축가에게 의존하게 된다. 건축가도 설계단계에서 접근했다면 전혀 일이 진행되지 않기 때문에 사업주에 접근해서 어떤 것을 할지라는 기획제안부터 시작한다. 그런 의미에서 기획은 굉장히 중요해졌습니다. 기획조건은 지금 말씀 드린 것처럼 수요와 자금과 토지가 있지만, 이것을 진행하려고 하는 추진요인과 그만두려고 하는 억제요인이 있습니다. 양자의 균형 속에서 모양이 만들어집니다. 예를 들면 추진요인에는 수요가 증가해 왔고, 경영관계가 향상되었다, 금리가 상승했다, 수요가 감퇴했다, 경기가 후퇴했다, 땅값이 올랐다 등이 있습니다. 억제요인과 추진요인의 균형은, 그 시대 속에서 나타납니다.

건축기획의 실패사례에서 배우다

다나카 건축기획이 잘되면 성공사례가 되지만, 실제로 화제가 된 유명건축에서도 실패사례라고 해야 하는 것도 있다고 생각됩니다.

가시와라 실패에서 얻은 교훈을 다음 단계에 살리는 것이 중요하다고 생각하며, 문제가 생긴 사례나 실패로 판단되는 사례를 신문기사에서 120건, 건축잡지에서 86건 추출하고, 각각을 기획단계, 설계단계, 시공단계, 관리단계의 어느 단계가 원인이었는지를 분류해 보았습니다.

추출사례로 적당하지 않은 시공업자를 선택하지 않았더라면 발생하지 않았을 것을 생각하면, 기획이라는 것이 얼마나 전체의 실패에 관계하고 있는지 알 수 있습니다. 분석을 통해서 프로젝트의 실패와 성공의 열쇠는 기획・설계단계에 있다는 것을 알았습니다. 한때 각 지역에서 빈번하게 만들어진 테마파크도 그 대부분이 실패한 사례입니다만, 원인은 기획단계

사진 4 자치단체의 짐이 되고 있는 F레저시설의 외관과 폐쇄한 점포군

사진 5 시설기능에 부적합한 건축계획으로 개발 직후에 폐쇄한 T시의 N온천시설

의 과대하게 추정한 수요예측이나 불충분한 사업타당성(Feasibility) 조사에 있습니다. '우리는 잘 될 것이다'라는 안이한 판단으로 기획을 하고, 또 실패한다고 하는 악순환입니다. 특히 공공으로 관계하는 프로젝트에서 문제를 많이 볼 수 있습니다. 여기서, O시의 F레저시설 등 자치단체의 짐이 되고 있는 시설이나 T시의 N온천시설 등 개발 직후에 폐쇄한 사례에 대해서는 각각의 시설이 어떤 경위를 따라 잘 안 됐는지 그 과정을 꼼꼼하게 분석했습니다. 예를 들어 F레저시설에는 출입구가 많고, 많은 경비원이 필요하고, 경비비용이 예상 이상으로 들었습니다. 이것도 기획단계에서 분석을 확실하게 했으면 운영자금도 계산할 수 있었을 것입니다만, 그 부분도 느슨했던 것 같습니다. 건축에서도 최근에야 비로소 운영자금에 대해서 검토하게 되었습니다만, 조금 전까지는 세우는 것만을 생각하고 완성한 후의 일은 거의 생각하지 않았습니다.

N온천시설은 수장이 단독으로 친분 있는 유명건축가를 기용하여 건설해서 실패한 전형적인 예입니다. 온천에는 전혀 맞지 않는 평면계획은 설계단계의 실패로도 생각됩니다만, 원래 이러한 계획을 제안하는 건축가를 고른 것은 기획단계의 문제입니다. 이 시설은 개장한 이듬해에 폐쇄됐습니다. 이러한 실패를 왜 처음부터 몰랐는지 이상한 일이죠. 프로젝트의 성패는 건축주・발주자의 기획력에 달려있다는 것을 이들 사례에서 배울 필요가 있습니다.

다나카 실패원인이 어디에 있는지를 명확하게 하는 것은 어려운 일이라고 생각합니다만, 건축기획에서는 실패사례에서 배우는 것이 중요한 일이지요.

건축조직에서 본 건축기획의 역할

다나카 사회동향으로서 건축프로젝트가 대규모화하거나 복잡해지는 등 하나의 건축을 만들어내는 과정에서 관여하는 관계자가 많으면 많을수록 건축조직의 형태가 건축기획에 중요해집니다.

다츠미 건축 팀의 시점에서 보아도 역사적으로 변천하고 있습니다. 예를 들면 옛날에는 건축주가 있고 목수장이 있었습니다. 여기에 설계자인 건축가가 나타나고, 건축주는 건축가에게 설계를 의뢰하고 그 설계를 바탕으로 목수장에게 시공을 의뢰하는 형태가 나타납니다. 그러나 건축주와 건축가가 하나가 되면, 이것은 어떤 형태냐 하면 '영선(營繕)'입니다. 관청영선이라는 것은 관공서(건축주) 안에 건축가를 거느리고 있는 것입니다. 건축주와 설계, 시공이 하나라는 것은 일종의 택지개발업자(Developer)입니다. 자기가 돈을 내고 설계, 시공을 하기 때문입니다. 그 다음에 새로운 건축의 주체로 나타나는 것 중 하나가 건축주와 건축가와 컨설턴트에 시공까지 직접 하는 주택건설업체입니다. 주택건설업체는 설계, 시공, 제조를 하고 판매한다. 그리고 고객은 건축주가 아닌 구입자로 만들어진 주택을 산다고 하는 형태가 나타납니다. 그리고 또 하나는 택지개발업자. 건축사법, 건축기준법은 1950년에 만

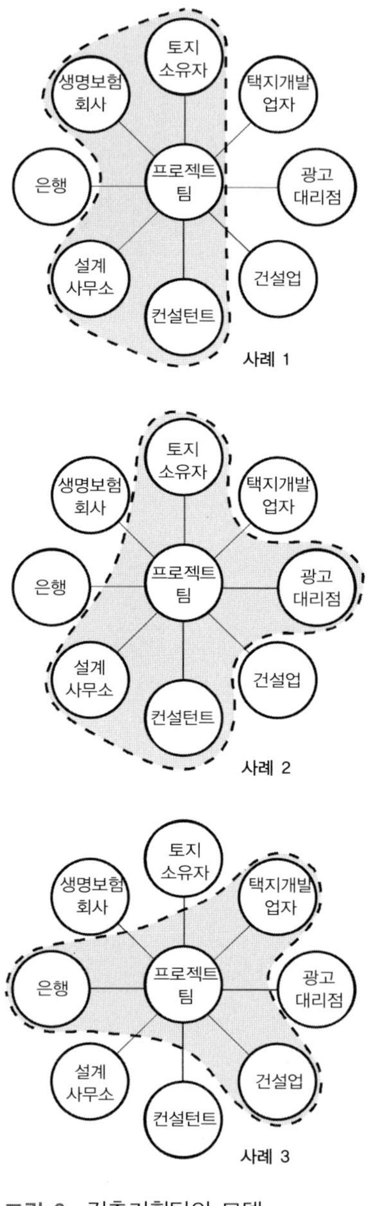

그림 3 건축기획팀의 모델

들어져서 60년 가까이 지났습니다만, 그 이후 건축활동이 굉장히 왕성하여 바닥면적이 10배 정도 늘었습니다. 그 사이에 일어난 일은 단순하게 바닥면적이 늘었다, 줄었다는 것만이 아닌 주택건설업체가 나타나고 그 역할이 굉장히 큽니다. 그리고 택지개발업자라고 하는 것이 나타나고, 다들 알고 계시는 대로 맨션을 세우게 되었습니다. 그 안에는 이윤추구만을 목적으로 한 무책임한 행위를 하는 사업자, 굉장히 나쁜 짓을 하는 업체도 있는 사태에 이르고 있습니다. 그래서 앞으로의 사회문제로 언급하지 않을 수 없습니다. 게다가 건축기획팀을 여러 가지 조사해보면 현재에는 프로젝트팀 속에 택지개발업자, 소유자, 은행 등의 주체가 있네요. 이것이 어느 하나의 네트워크를 형성하고, 여러 타입의 건축을 만들고 있습니다. 우리들은 건축가이기 때문에 어떻게든 건설업과 설계사무소에만 관심이 가지만, 실제 사회에서 이루어지는 건축활동이라고 하는 것은 여러 주체가 팀을 형성해서 행해지고 있습니다(그림 3).

다카타 예를 들면 집합주택을 만들 때, 어떤 사람들이 관여하고 있느냐 하면, 설계사무소나 건설회사라고 하는 것은 전부터 볼 수 있었던 플레이어입니다만, 어느 시기부터 판매회사나 광고대리점 등이 큰 영향력을 갖기 시작했습니다. 최근에는 금융관계의 플레이어의 존재도 큽니다. 그 속에서 건설시장 또는 부동산시장, 금융시장 등 이러한 것과의 상호관계를 잘 짚어나가지 않으면 기획이라는 것은 알 수 없는 시대에 들어섰다고 생각합니다.

건축기획의 현대적 과제

다카타 예전에 건축기획을 규정하는 현대적 문제들을 정리한 적이 있었습니다만, 먼저 첫 번째로 국제경제문제들이 건축기획을 규정하는 문제로 굉장히 신중하게 관여하고 있습니다. 즉, 글로벌경제화라는 문제입니다만, 그에 대해서 지역화, 로컬화를 주장하는 의논도 나옵니다. 이것이 글로벌리제이션이나 로컬리제이션이라는 개념이 의논되기 시작한 것입니다. 또는 '글로컬'이라는 조어가 생겨나면서 글로벌이나 로컬이라는 이분법으로 생각하는 것이 아닌, 모두를 복합적으로 생각해 나가지 않으면 안 된다는 관점도 나오고 있습니다. 한편으로 지구 전체를 전망하면 경제격차라고 하는 것이 굉장히 심각화되고 있어서, 이 문제를 해결하지 않는 한 어느 지역에도 양호한 환경을 유지할 수 없다는 의견도 빈번하게 나오고 있습니다. 이것은 격차론으로 현재까지 이어지고 있는 사항이라고 생각합니다.

두 번째는 지구환경문제가 됩니다. 이것은 여러분들도 잘 알고 계시듯이 온난화 문제나 오존층 파괴 등의 지구환경문제를 말합니다. 그리고 재해가 굉장히 다발하고 있는 것도 포함해서 재해문제에 대해서도 환경문제와 관련해서 의논되어 왔다고 생각합니다. 이들과 건축의 관계는 자명하지요.

세 번째가 인구・가족문제들입니다. 이것은 사회적인 문제지요. 특히 선진국에서는 인구감소나 저출산과 출산고령화가 계속 진행되고 있는 상황입니다. 이러한 상황에서 건축에 대해서는 좀 전에 가시와라 선생님께서 '세우지 않는 건축'이라고 하는 기획 얘기가 있었습니다만, 세우지 않는다는 것만 이 아닌 '허물다'는 기획이나 '감축'이라는 기획이 화제가 됩니다. 또는 도시축소 문제도 포함해서 건축기획을 재검토하는 논의가 나오고 있습니다. 한편으로 이러한 상황 속에서 가족이나 커뮤니티의 재편이 요구되고 있어서, 이에 대응한 건축이나 도시환경에 대해서 새로운 발상을 내놓지 않으면 안 된다고 하는 요청도 있는 것으로 생각합니다.

사진 6 다카다 미츠오

이러한 문제들에 대해서, 그렇다면 어떻게 하면 좋은 것일까라는 것입니다만, 처음의 국제경제문제들에 대해서는 경제적인 지속가능성,

두 번째의 지구환경문제에 대해서는 환경적인 지속가능성, 세 번째의 인구·가족문제에 대해서는 사회적인 지속가능성을 생각해 나가는 것으로 다양한 제안이 나오고 있다고 판단됩니다.

선구적 실천으로

다나카 다카타 선생님께서 국제경제문제, 지구환경문제, 인구·가족문제라고 하는 건축기획의 세 가지 과제를 주셨습니다만, 동시에 활동적인 시도도 전개하고 계시는 다카타 선생님께서 구체적인 말씀을 해주셨으면 합니다.

다카타 첫 번째의 경제적인 지속가능성에 관련한 의논입니다만, 국제사회에 대해서 어떻게 대응할 것인가라는 의논 속에서 건축분야에서도 시장개방의 의논 등이 나오고 있습니다. 공공과 민간과의 파트너십, PPP라고 불리는 구조가 모색되거나 글로벌화가 진행되는 속에서 지역진흥을 어떻게 도모해나가면 좋은가, 또는 시장이 중시되는 속에서 정보의 비대상성을 고려해서 소비자를 어떻게 지원하면 좋은가가 과제가 되고 있습니다.

지금까지 건축문제는 건설시장, 즉 만드는 시장 속에서 의논되는 것이 많았습니다만, 건축기획의 의논이라는 것은 부동산시장의 의논으로 바뀌고 있습니다. 게다가 건설시장과 부동산시장이라는 것은 극히 밀접한 관계이기 때문에 이들을 링크해서 생각하지 않으면 안 됩니다. 또는 돈의 흐름, 금융시장 문제와 부동산시장과의 관계에 대해서도 생각하지 않으면 안 된다고 판단합니다.

시장에서의 소비자 지원의 몰입으로 오사카의 생활정보센터나 고베(神戸)의 스마일 넷, 교토의 생활계획센터나 환경도시계획센터, 또는 간사이(関西) 주거생활단체연합 등의 활동이 있습니다. 건축학회에서도 생활계획지원건축회의가 설립되었습니다.

그런데 교토에서는 최근 새로운 경관시책이 문제가 되고 있습니다. 타운조닝(Town Zoning)을 시가지 전역에 걸쳐서 실행하는 발상입니다. 시장중시 시대에 규제를 강화하는 것이 되는 셈이죠. 이러한 구조는 역사도시의 가치를 유지하기 위해서는 빼놓을 수 없다고 생각합니다만 일방적인 규제강화에도 문제가 있습니다. 자산가치가 떨어진다거나 경제적인 활동이 정체한다고 하는 문제가 지적됩니다만, 건축 룰을 결정하는 과정 자체가 문제인 것입니다. 건축의 규제 유도시스템의 검증은 건축기획 연구의 중요성을 굳히고 있다고 할 수 있습니다.

두 번째의 환경적인 지속가능성에 대해서는 순환형 또는 장기내용형의 건축개발, 건축재생·활용이라고 하는 방향성이 있다고 생각합니다.

도쿄·혼고(本郷)에 있는 구도회관(求道会館)이라고 하는 절(사진 7)은 다케다 고이치(武田五一)가 설계한 동경에 현존하는 두 개의 건축물 중 하나입니다. 도쿄도의 유형문화재 지정을 받아 복원된 것입니다. 그 옆에 구도학사라고 하는 학생 기숙사가 있었습니다. 이것도 다케다 고이치의 설계입니다만 이것이 2007년에 개수되었습니다(사진 8). 사실 이 개수는 용도변경도 겸하고 있습니다.

사진 7 구도회관

사진 8 구도학사

사진 9 실험집합주택 'NEXT 21'

정기 임차권을 사용한 협동조합(Cooperative)주택으로, 스켈톤 인필(Skeleton Infill)방식을 채택하고 있습니다. 정기 임차권의 임대료는 구도회관의 유지비로 돌아가도록 되어 있습니다. 구도회관의 복원에는 문화재로서 고액의 보조금이 나왔지만 유지해나갈 수가 없는 것이죠. 이를 지원하는 경제적인 구조를 생각하지 않으면 안 됩니다. 그리고 역사적인 건물의 재생을 동시에 실현하는 것으로 건축주와 기획컨설턴트의 협동에 의해서 폐허가 된 학생기숙사의 개수가 행해진 것입니다. 실로 기획력 그 자체라고 생각합니다. 다케다고이치 설계로 도쿄에 두 개밖에 남지 않은 건물이 둘 다 이 기획에 의해서 살아남았다고 할 수 있습니다.

세 번째는 사회적인 지속가능성입니다. 지금까지의 건축기획 연구에서 라이프스타일이라는 개념은 많이 의논되어 왔습니다만, 앞으로는 직업과 생활과의 관계를 포함해서 생각해 나가지 않으면 안 된다고 생각합니다. 워크 라이프스타일이라는 관점에서 생활을 재편해 나가는, 또는 단지재생이나 지역도시계획의 추진을 생각해 나가는 것이 필요하다고 봅니다.

오사카 가스의 '실험집합주택 NEXT21'에서는 2008년부터 제3단계로 새로운 몰입을 하고 있습니다. 소자녀고령화 사회의 워크 라이프스타일에 대응한 거주지 형태의 실험연구에서 다양한 스타일의 실현이나 서비스를 받으면서 자립해서 살아가는 생활방식 등의 검토를 실행함과 동시에, 우에마치다이치(上町台地)역자주[84]부터 도시를 생각하는 모임 등의 활동과 연계해서 도시의 정보발신을 위한 공간을 정비하고 도시거주 지원에 몰입하고 있습니다.

앞으로의 건축기획 과제

다나카 과제로, 앞으로 10년, 20년 앞을 생각하면 또 다른 키워드가 나올 것으로 생각합니다만, 건축기획을 전망하는 경우에 '이러한 점이 중요하지는', '이 부분의 중요성이 조금 더 높아지지 않을까'라는 것이 있으시면 부탁드립니다.

건축사 자격과 건축기획

다츠미 건축기획은 먼저 프로젝트기획으로서 건축, 지역단위가 있고, 그것을 어떻게 하느냐라는 문제에 집착할 필요가 있는 한편, 사회적 기획으로 앞으로 건축이 만들어가는 사회를 어떻게 구성해 나가는가 하는 문제를 빼놓아서는 안 된다. 건축가는 지금까지 건축물 자체에 몰두해서 그것을 둘러싼 사회・시스템 등을 생각하지 않았다. 건축기준법, 건축사법이 생겨서 50여 년이 지나고, 개정 등을 반복해서 법령집도 두꺼워졌다. 그러나 무엇이 개정되었냐고 하면 건축물 자체의 변화에 대응하는 조치만을 생각한 것으로, 건축사회를 어떻게 개편해 나갈지라는 근본적인 것에는 거의 손을 대지 않았다. 건축사법도 똑같다고 생각합니다. 이것이 구조계산서 위조사건이 되고, 계속되는 부정발생으로 나타나는 것입니다.

---

84) 오사카(大阪)성 부근, 덴마바시(天滿橋) 주변부터 남쪽의 덴노지(天王寺)로 빠지는 오사카 시내의 대지.

다카타 이 구조계산서의 위조사건 이후 건축기준법의 개정, 건축사법의 개정의 움직임이 있었습니다만, 그 속에서 건축기획이 어떤 위치에 놓였는지가 큰 문제라고 생각합니다. 건축사법 속에서는 설계나 공사감수가 건축사의 업무독점 대상에 놓여있습니다. 이번 개정에서는 건축사를 업무독점의 대상이 되는 설계・감수로 밀고 나가는 방향으로 규제를 강화하는 움직임이 있습니다. 그러나 건축기획의 일은 건축기준법 제21조의 '기타 업무'이며, 설계나 공사감리가 아닙니다. 기타 업무가 건축사의 일로 정당하게 인정되는 방향과는 반대의 움직임이 나오고 있다는 것입니다. 이런 상황은 굉장히 안 좋습니다. 사회 전체로 봐서는 설계・감수 이외를 포함해서 여러 직장에 건축사가 있는 것은 바람직한 일일 것입니다. 교육의 현장에도 영향을 끼칩니다. 대학원에 진학해도 건축사 시험자격이 없다고 하는 방향으로 진행되고 있습니다. 실무경험을 설계・감수에 넣으려고 하기 때문입니다. 다츠미 선생님이 말씀하신 건축사회시스템의 재편이 이루어지면 그렇게는 안 되겠지만 현실은 그렇지 않습니다. 개편을 하기에는 시간이 걸리기 때문에 단기적으로 긴급피난적인 문제해결에 의해 건축사법 개정 등이 진행해 버립니다. 단기적으로 해야 할 일과 장기적으로 해야 할 일을 정리하고 나서 전자를 긴급피난적으로 실행한다면, 필히 후자의 본질적 개선계획을 나타내야 한다고 생각합니다. 건축사의 업무독점 자체를 검토하고, 실제로 사회가 요구하는 건축사 상을 명확하게 하고, 그 실현수순을 구상하는 것이 중요합니다. 후자의 실천 없이 건축기획의 확립은 없다고 판단합니다.

건축주가 생각하는 건축의 가치관

다츠미 건축가치론의 개발, '건축의 가치란 무엇인가'라는 것이죠. 이 문제는 어렵기 때문에 아무나 손을 대지 못하는 것이 현실입니다. 그러나 조금씩 해명되고 있습니다. 주택에 대해서는 주택성능문제라는 것이 있습니다. 주택성능표지제도에는 주택의 성능을 10가지 요소로 나눠서 '내진성은 어떤가', '내구성은 어떤가'라고 단계를 매긴다. 성능이라고 하는 측면에서 건축물, 여기서는 주택입니다만, 주택의 가치를 보려는 노력이죠. 이러한 노력도 포함해서 저희 건축학자들은 더욱 가치론을 계통 짓는 것이 중요하다고 생각합니다. 다음으로 건축주론입니다. 건축가나 구조학자는 나쁘게 말하면 건축주에게 개처럼 부려 먹히고 있다. 건축주에게 매수되어 싼 것을 만들고 고생하는 것은 건축기술자와 건축가인 것이다. 광고대리점 등에 꼬임 당하여 건축주는 표면적인 것만 중요시하고 있다. 맨션의 현황은 더 심각하다. 이러한 점에서 건축적 교양을 갖춘 훌륭한 건축주를 키워나가지 않으면 안 된다. 옛날 건축주 중에는 조금 더 훌륭한 사람이 있었다. 그래서 지금도 훌륭한 건축물이 남아있다. 건축가를 개인이 정하는 것이 아닌 위원회나 임원회 등에서 '○○씨가 좋지 않을까요', '신문에도 나오는 사람이니까'라고 하는 방식의 결정을 하면, 어쩔 수 없이 전술한 실패사례가 나온다. 그렇게 생각하면 건축주의 책임은 굉장히 무겁다. 요컨대 건축 하나하나의 프로젝트도 중요하므로 우리들은 주목하지 않으면 안 된다. 한편 이러한 건축주를 만들어내는 것도 우리들의 건축기획 연구가 기여하는 바가 크다고 생각합니다.

가시와라 그러나 현재 사회에서 건축주가 모든 지식을 갖는 것은 불가능하다고 생각합니다. 그래서 건축주를 서포트하는 인재가 필요하다고 하겠지요. 현재는 그것이 건축가이거나 종합건설업체의 설계부서이거나 하지만, 결국 건축가는 창작의 직업인만큼 프로젝트를 의뢰받았을 경우 거절하게 되면 작업을 수행할 수 없는 직업이므로 건축주가 상담을 요청했을 경우 적극적으로 상담에 임해야 하는 것이지요. 건축주에게 명확한 조언을 할 수 있는 제3자적인 직능이라고 할까요. '만들지 않는 쪽이 좋다'는 판단에 대해서도 지불되는 일이 있으면 건축주도 귀중한 조언을 얻을 수 있다고 생각합니다. O시도 F레저시설의 건설로 수백억의 부채를 안는 사업을 시작한 것입니다. 그때 이것은 관두는 편이 좋다고 말할 수 있는 사람이 있었으면 부채를 안지 않아도 되었기 때문에 그런 일을 말할 수 있는 사람에게 그만큼의 지불이 이루어질 수 있는 시스템을 만들 필요가 있습니다.

연구자에게 기대되는 역할

다나카 그러면 지금의 대학연구나 교육 등의 현장에서는 어떻게 대응하면 좋을까요?

가시와라 역시 사회적으로는 건축기획에 관한 직능을 확립하는 것입니다. 그러기 위해서도 대학의 교육과정의 정비, 학문의 보다 나은 체계화 등 건축기획의 중요성을 인식해야 할 시대가 왔다고 생각합니다.

그리고 하나 더, 실패사례 분석에서 기획단계의 예측이 모두 엇나갔다는 것을 알 수 있었습니다. 그렇다고 하는 것은 '예측'이라는 것에 대한 학문방법이 형성되어 있는 것 같으면서 그렇지 못하다는 것을 나타내고 있습니다. 학문으로서 보다 한층 추구해야 할 사항이라고 생각합니다. 일기예보 등은 정확도가 높아져서 잘 맞추게 되었습니다만, 세상 속의 움직임이나 기획단계의 예측이라고 하는 것은 아직 레벨이 낮다. 그래서 연구자로서 얼마든지 추구할 수 있는 분야가 남겨져 있습니다. 트랜드는 경제가 좋았던 시대에는 비교적 예측이 쉬웠으나 상하변동을 포착하기에는 굉장히 어렵다. 그러나 이만큼 학문적, 기술적으로 다양한 분야가 발달하고 있는 시대이기 때문에 예측방법을 조금 더 추구해야 한다고 생각합니다.

다카타 소프트면의 단지재생기술에 대해서 여러 의견이 나오고 있습니다. 예를 들면 워크숍을 실시해서 단지재생계획을 세워나가려고 할 때, 워크숍의 방법 자체를 연구의 대상으로 생각하는 것이 중요합니다. 제 자신은 지금까지 시나리오 어프로치(Scenario Approach)를 활용한 워크숍방법을 개발하고, 몇 개의 단지재생 현장에 적용해 왔습니다. 의논을 하든지 협의하는 과정 자체를 디자인하는 것을 과제라고 생각하고 건축기획 연구를 진행해나가는 것이 중요해지고 있다고 생각합니다.

다츠미 앞에서도 말한바 있습니다만, 건축은 1950년에 건축기준법이 만들어졌을 때부터 생각하면 바닥면적은 10배 정도 늘었습니다. 양적으로 늘었을 뿐 아니라 만드는 기법 자체가 바뀌었습니다. 그 전형적인 예로 주택건설업체가 있습니다. 상품으로서 주택을 만들고 파는 구도. 택지개발업자도 새로운 구도입니다. 건축가나 광고대리점 등을 이용해서 개발행위를 사업으로서 실시하는 구도입니다. 그 구도에 대해서 저희 건축학자는 충분히 연구하지 않으면 안 됩니다. 연구란 어렵기 때문에 연구하는 것이지, 단순하게 건축가가 좋은 디자인을 하면 끝나는 것이라면 건축가에게 맡기면 그만입니다. 좋은 구조가 나온다면 그것도 맡기면 됩니다. 어떻게든 사회적으로 어렵고, 실무적으로는 해결할 수 없는 것을 연구자가 연구하는 것입니다. 따라서 건축사회를 어떻게 할 것인가는 것은 굉장히 중요한 과제입니다. 건축기획은 프로젝트기획이라고 하는 프로젝트가 실패하지 않고 좋은 것이 만들어지는 구도를 생각하는 동시에, 그것을 만들어내는 사회를 생각하는 것이 중요하다고 생각합니다. 건축기획에는 여러 가지가 있어서 어렵겠지만 포기하지 않고 사례를 축적하고 분석하는 활동을 계속하지 않으면 안 된다는 것입니다. 건축의 기획방법을 발굴하기 위해서 마스터 아키텍트(Master Architect), PFI(Private Finance Initiative)[역자주85] 등의 방법을 개발하는 것에 공학자인 건축학자로서는 집착하지 않으면 안 됩니다. 브리핑에서 건축주가 건축을 세울 때, '이렇게 하고 싶다'라는 문장이나 그림에 연관시켜서 건축가에게 전해지도록 하는 것도, 건축기획

85) 민간자금을 활용하여 사회자본을 정비하려는 생각. 관민의 역할분담을 사전에 정하여 공공시설의 건축이나 유지관리를 민간기업에 맡겨서 그 경영방법을 이용해서 효율적으로 양질의 공공서비스를 제공받는 것.

속에서 하나의 기술적인 측면이라고 생각합니다. 이러한 방법도 개발하지 않으면 안 된다.

다나카 감사합니다. 다카타 선생님, 회의장의 많은 학생에게 건축기획을 아직 잘 모르시는 분도 있으시겠지만, 마지막으로 꼭 기대하시는 것이 있으시면 부탁드립니다.

다카타 건축의 장래에 관심을 갖는 것이 기획영역에서는 중요합니다. 건축을 둘러싼 사회 움직임이 굉장히 험한 방향으로 향하고 있는 것이 사실입니다만, 건축이란 사실은 독창적이고 즐거운 것입니다. 그 즐거운 것을 해나가기 위해서 미래에 초점을 맞춰서 건축이 나아가야 할 길에 관심을 가져주시길 바랍니다.

다나카 감사합니다. 더욱 의논을 하고 싶습니다만 시간이 다 되었습니다. 오늘은 짧은 시간이었습니다만 대단히 귀중한 지금까지의 몰입방법이나 사고방법을 시사해 주셨다고 생각합니다. 앞으로의 건축기획이라는 것에 한층 더 몰두해 나갔으면 좋겠습니다. 선생님들 대단히 감사합니다.

끝내면서

건축기획의 가능성

'좋은 건축'과 '나쁜 건축'이라는 말이 자주 사용된다. '좋은 건축'이란 도대체 어떤 건축을 말하는 것인가. 건축은 원래 그 사회나 이용에 따라 상정(想定)한 사람들에게 조금이라도 이익이 되는 것이 기대된다. 그것은 직접적으로 관계되는 사람들의 이익만이 아니라 시대나 지역을 넘어선 다양한 사람들에게 그 존재 자체가 의미를 갖는 것을 포함하여 광범위한 영향력을 본래 갖는 것이다. 물론, 가설적인 건축이 있으면 그다지 시간이나 돈을 들이지 않고 검토된 차원의 건축도 있다.

신규로 세우는 건축뿐만 아니라 무수히 존재하는 기존 건축물을 어떻게 취급할 것인가 하는 문제나, 이들 기존의 건축을 포함하는 환경과 새로운 건축이 어떤 관계에 있는가도 중요하다. 건축은, 먼저 단일물체로 건축 자체의 기능이나 형태 등이 평가되지만, 본래는 사회에 존재하는 한 주변환경과 어떻게 조화할 것인가, 그 건축이 지역시설로서 어떠한 기능을 달성하는가, 사용하기 편리한 정도나 편안함 등부터 그 건축을 이용하는 사람들에게 어떤 편의성이나 쾌적함을 주고 안전하고 안심할 수 있는 생활환경을 실현하느냐 등 다방면으로 기대되는 부분이 많다.

건축을 둘러싼 사회와의 관계에서, 추가로 말하자면 건축을 사회경제요소에서 포착하는 시점도 중요하다. 건축의 건설, 그리고 운영이라는 사업에서 보면, 관련사업자로의 영향이나 이용자 등에 의해서 펼쳐지는 활동, 많은 사람이 관여함으로써 발생하는 정보・교류, 고용・취직 등에 따른 사회로의 영향, 특히 경제파급 효과는 크다. 또한 기존의 건축을 포함하여 어떠한 운용을 시도하느냐 라고 하는, 흐름(Flow)뿐만 아니라 수요와 공급에 대한(Stock) 사회적 존재 또한 크다.

이들 건축을 생각하고 생산해 나갈 때, 계획이나 설계, 시공이라는 건축의 과정만이 아닌 관리운영이라는 단계의 중요성도 이 일련의 과정보다 먼저 고려되어야 할 기획의 중요성이 떠오르고 있다. 건축기획은 미리 검토해야 하지만, 실제로는 이들 과정의 각 단계와도 관련해서 검토해야 하는 것이다.

우리들은 이러한 관점에서 2008년 3월부터 7월에 걸쳐 건축학회 건축경제위원회, 건축계획위원회에 속하는 소위원회위원 및 전국 주요 자치단체의 건축기획업무에 연관된 부서에 대해서 '건축기획에 관한 설문조사'를 실시했다. 회답에 수고를 요하는 설문이었음에도 많은 분들께서 협조해 주셨다. 관계각처의 여러분께 깊은 감사를 드립니다.

설문내용의 회답과 그 결과에서 건축기획이 놓인 실정이나 향후의 건축기획의 중요성에 대해서는 인식이 높다고 할 수 있으나, 달성하는 역할이나 구체적인 진행방법에 대한 연구나 방법론의 사회적 공유화, 합의의 필요성 등 건축기획이 사회에서 아직 충분하게 확립되어 있지 않다는 것을 알 수 있다. 설문결과에 대해서는 더욱 섬세한 검토를 해나갈 예정이다.

사회적인 영향도 크고 중요한 건축이지만, 의외로 '좋은 건축'은 적다고 생각된다. 그 원인은 어디에 있는가. 이른바 건축가라는 직업능력은 건축을 사회에 내보내는 중요한 사명을 띠고 있다. 그러면 건축가란 도대체 어떤 사람들을 말하는 것인가. 한 사람의 건축가가 모든 것을 생각하고 결정하는 건축은 점점 줄고 있는 듯하다. 많은 관계자와 협동하고, 단독으로가 아닌 팀으로서 관여하는 경우가 늘고 있다.

이러한 사회적인 사명을 자각하고 사회가 나아가야 할 방향성을 파악하고, 특히 해당 건축의 있어야 할 자리나 구비해야 할 특징을 끌어내는 건축가의 책임은 막대하다. 그럼에도 불구하고 개인의 이익이나 특정 인물들의 눈앞의 이익에 가담하기 위해 본래 중립적이고 객관적으로 처신해야 하는 직업능력을 완수하지 않는 심각한 사태도 발생하고 있다. 지금이야말로 건축이 갖는 사회적인 사명, 또는 이에 관여하는 관계자의 책임을 재확인하고 본래의 건축의 형태를 되찾는 체제의 강화를 시도하지 않으면 안 된다. 그러기 위해서도 건축에 관여하는 기획의 중요성을 다시 한 번 재검토함과 동시에, 그 구체적인 방법론에 이어지는 연구나 구체적으로 실천하는 기회가 중요하다. 한층 더 이들의 기획을 맡는 인재에게 기본적으로 요구되는 인간으로서의 풍부한 감성이나 나아가야 할 방향을 오인하지 않는 윤리관이 중요하다고 생각한다. 건축의 사회성에 비추어본 합리적이면서 인간성이 있는 건축의 출현을 향한 사람을 만드는 것도 건축기획에 중요하다고 판단된다.

누구나가 풍요로운 생활을 누리고, 그 생활을 지탱하는 안전·쾌적한 도시나 건축디자인, 환경창조를 지향하는 유니버설 사회의 실현에 이어지는 활력, 매력을 만들기 위한 꿈을 실현하는 힘을 이 책으로 독자들과 공유할 수 있다면, 그 실현을 관계자와 함께 기쁨으로 삼고 싶다.

마지막으로 이 책의 출판에 있어서 바쁜 일정에도 귀중한 시간을 쪼개서 집필해주신 여러분께, 오랜 시간에 걸쳐 소위원회에서의 조사연구활동을 지지해주신 위원 여러분, 그 중에서도 본서의 편집을 맡아주신 간사인 두 선생님께 깊은 감사를 드립니다.

끝으로 쇼코쿠샤(彰国社)의 고토타케시(後藤武)씨와 모자란 시간 속에서 원고정리나 편집을 담당해주신 오츠카유키코(大塚由希子)씨에게 깊은 감사를 드립니다.

다나카 나오토

자료

건축기획에 관한 설문조사

다나카 나오토 · 사카세가와나오키

일본건축학회 건축경제위원회, 건축계획위원회 회원 595명에게 이메일로 전국 주요자치단체의 건축기획 담당부서, 총456군데에 우편으로, '건축기획에 관한 설문조사'를 2008년 3월부터 7월에 걸쳐 실시했다. 그 결과에 대해서 간단하게 소개한다.

■ 학회 관계자의 회답

건축기획의 중요성에 대해서는 인식이 높지만, 실제 연구나 업무에서 건축기획이 관여하는 비율은 적다. 즉, 아직도 건축기획은 사회에서 충분하게 입지를 굳히지 못했다. 다음으로 건축기획에 요하는 시간은 반년 정도로, 유지관리에는 수년, 참가형 기획이나 디자인 콘셉트에는 1년 이상 시간을 들이는 경우가 많다(그림 1). 사업프로세스에서는 지금까지 비교해서 기획이 가장 높게 우선되고 관리운영도 높다(그림 2). 건축기획의 성공에는 건축기획을 숙지하는 전문가와 합동으로 실시하는 경우가 가장 유효하다고 생각되고, 뒤이어 필요에 응해서 프로젝트팀을 세우고 있다(그림 3).

건축기획의 성공과 실패요소를 검토한 결과, 사업의 기획, 시공, 관리운영에 이르기까지의 코스트 포퍼먼스나 이용자의 목소리는 사업평가를 좌우하는 요소로 가장 중요시되고 있다(그림 4, 5).

■자치단체 관계자의 회답

건축기획업무의 외부 위탁은 약 3분의 2로 되어 있지만, 그 위탁내용은 사전조사가 가장 많다(그림 6). 건축기획에 요하는 시간은 1년, 수년이 반수를 차지하고 있다(그림 7). 건축기획의 결정은 행정내부에 의한 경우가 가장 많고, 필요에 대응해서 위원회를 세우는 방식이 많다. 기업이나 시민의 참가・참여 사례는 아직 적다(그림 8). 건축기획의 성공으로는 이용자에게 호평이어야 한다는 것이 가장 높다(그림 9).

■학회 관계자와 자치단체 관계자에게 건축기획을 진행시킬 경우, 필요한 사항을 비교한 결과, 모두 정보수집이나 인재육성이 중요하다고 생각하고 있으나, 인재육성에 대해서는 실현가능성을 낮게 보고 있다(그림 10, 11). 기획에 관련이 있다고 생각되는 각 키워드의 지금까지와 앞으로의 중요성에 관한 결과를 그림 12에 나타낸다.

—— 참/고/문/헌

• 田中直人・逆瀬川直樹「実務者の評価による建築企画の実態と最新事例」日本建築学会大会建築経済部門研究協議会資料, 2008年

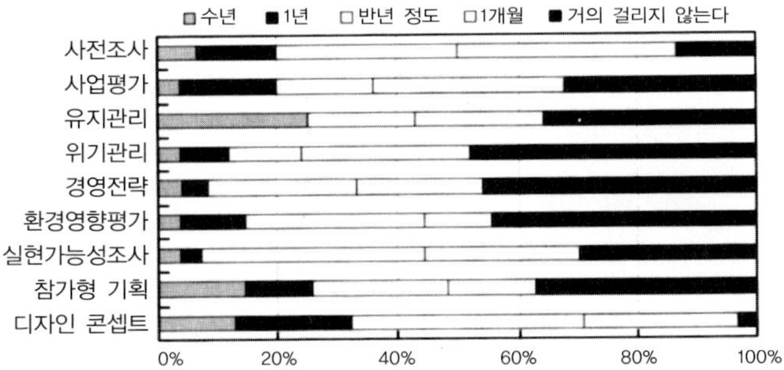

그림 1 건축기획에 요하는 시간

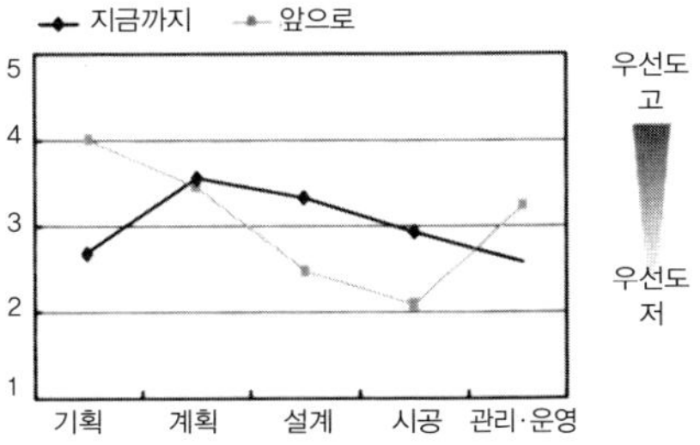

그림 2 건축사업과정의 우선도

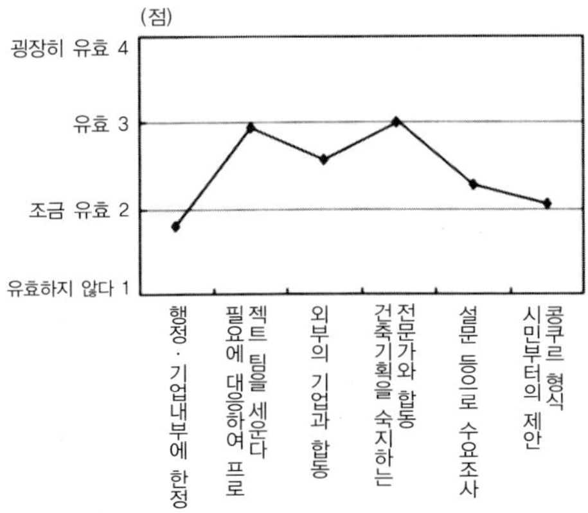

그림 3 건축기획의 성공도

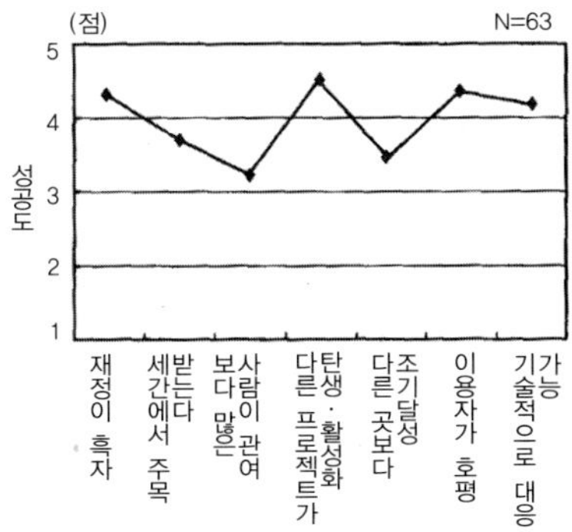

그림 4 건축기획의 성공도

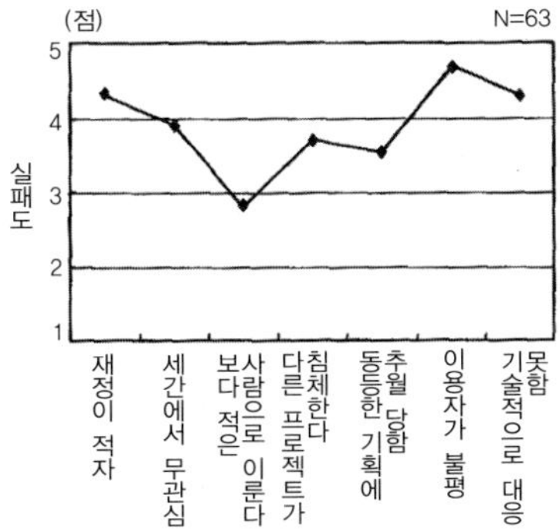

그림 5 건축기획의 실패도

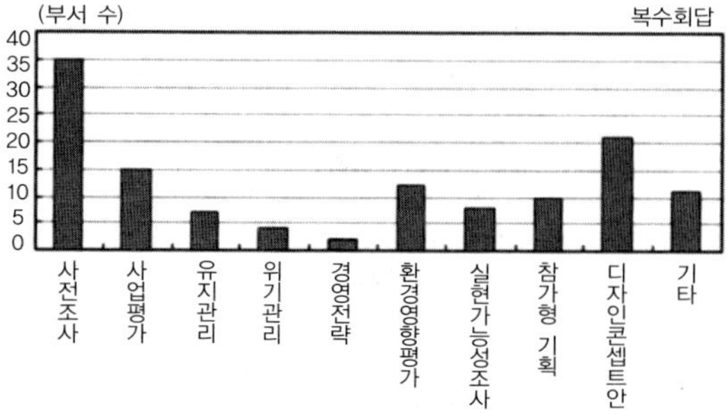

그림 6 어떤 기획을 외부에 의뢰하는가

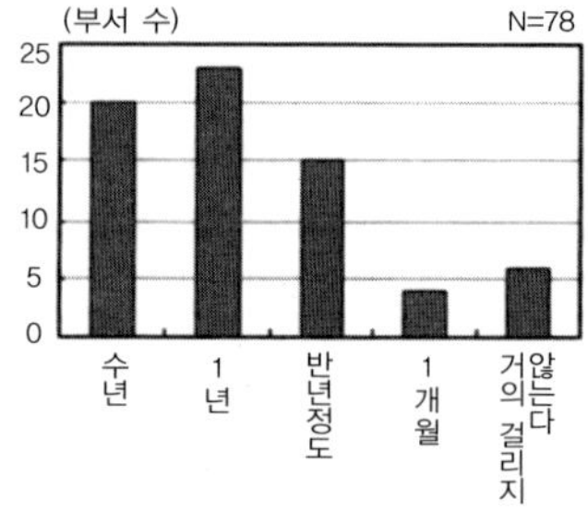

그림 7 건축기획에 요하는 시간은 어느 정도인가

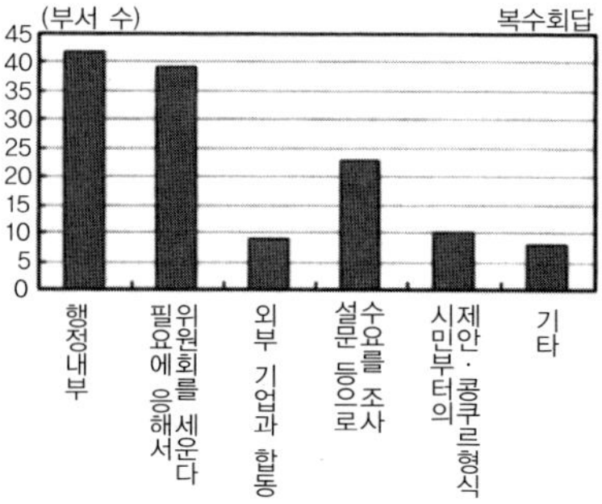

그림 8 건축기획의 얘기는 어떻게 이루어지는가

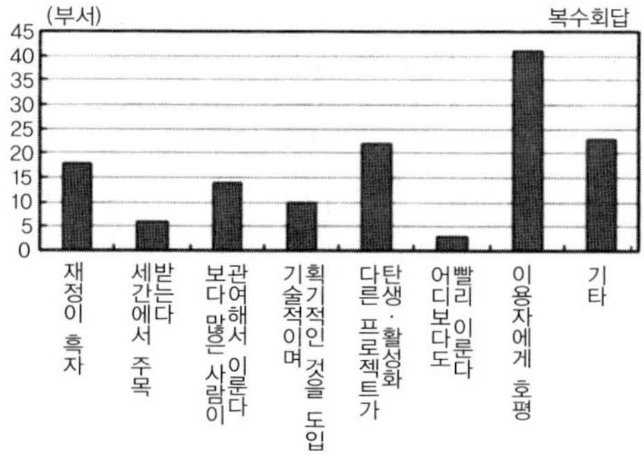

그림 9 건축기획의 성공이란 무엇을 말하는가

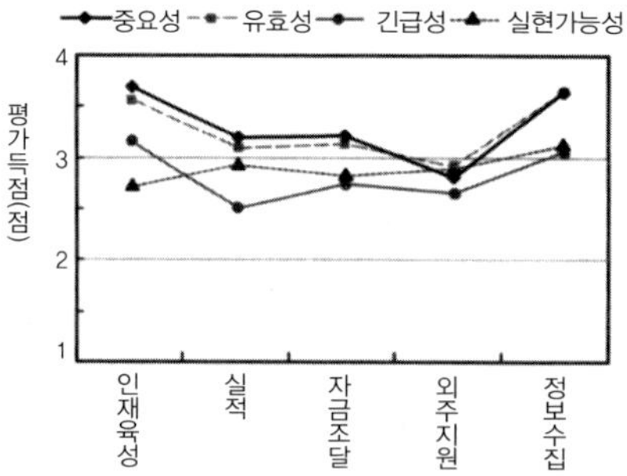

그림 10 건축학회 건축기획을 진행하는 데 필요한 항목

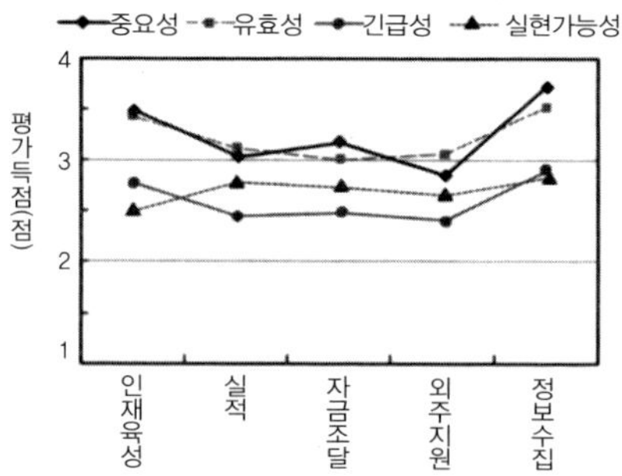

그림 11 자치단체 건축기획을 진행하는 데 필요한 항목

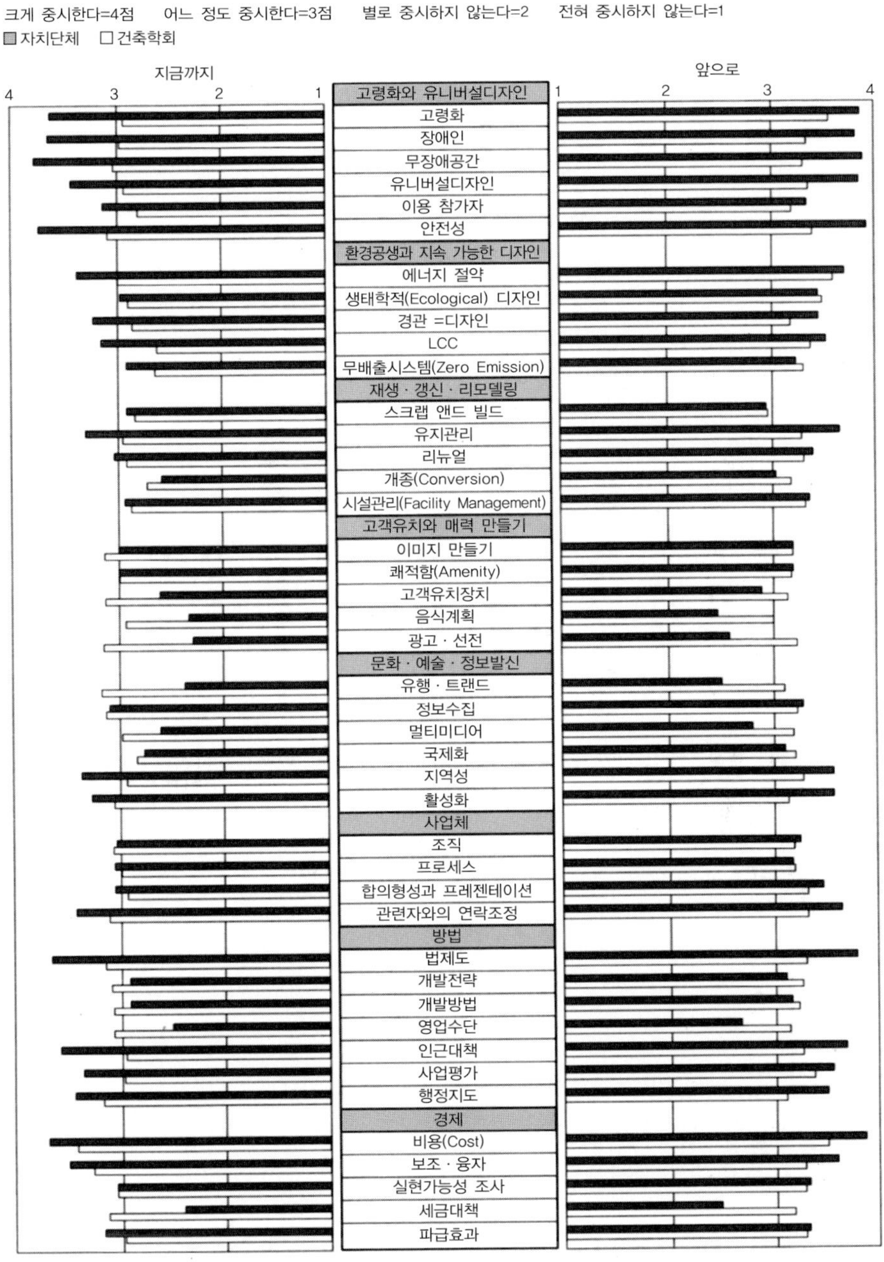

그림 12 건축기획 각 키워드의 중요성

사진촬영자 · 제공자

⊙ 사례1 유니버설 스튜디오 재팬
USJ

⊙ 칼럼 키자니아(KidZania)도쿄
키자니아(KidZania)도쿄

⊙ 칼럼 아사히카와(旭川)시 아사히야마(旭山)동물원
아사히카와(旭川)시 아사히야마(旭山)동물원 홈페이지

⊙ 2 환경공생과 지속 가능한 디자인
사진 1 도요다마사오(豊田政男)
사진 2, 3, 7, 8 와시오마유(鷲尾真弓)
사진 4, 5 이타미코지(伊丹康二)
사진 6 요코타타카시(横田隆司)

⊙ 사례3 교토(京都) 도시 속 복합건물
사진 1, 2, 5~7, 12 오시마사치코(大島祥子)

⊙ 칼럼 목장 학원
기시모토켄지(岸本憲二)

⊙ 재생 · 갱신 · 리모델링
사진 3 구사모토토시에(草本利枝)
사진 4 다케다이사오(竹田功)

⊙ 사례4 센리(千里)뉴타운 후카야(深谷) 제2주택
사진 1~3 우에다 마사토(上田正人)

⊙ 칼럼 라라스퀘어 요카이치(Lalasquer)요카이치(四日市)
외관사진 미츠이스미토모(三井住友)건설(『근대건축』 2004년 9월호)

⊙ 칼럼 ecute시나가와(品川)
기타아야코(木多彩子)

⊙ 사례7 NHK고베(神戸) 신 방송회관
사진 1, 5, 8 미키마사유키(三木雅之)
사진 2~4 NHK고베방송국
사진 6, 7, 9 도코로 치카(所 千夏)

⊙ 칼럼 이시가키(石垣)섬 이주
아베쇼헤이(阿部祥平)

⊙ 칼럼 애완동물 무덤
사카세가와나오키(逆瀬川直樹)

⊙ 좌담회
사진 1 미야이유다이(宮井雄大)

*명기하지 않은 사진은 집필자의 제공에 의한 것임.

■ 건축경제위원회

위원장	후루사카 슈우조오(古阪秀三)	교토대학
간사	우스다 도모코(碓田智子)	오사카 교육대학
	가니자와 코오고오(蟹澤宏剛)	시바우라 공업대학
	요시다 사토루(吉田敏)	산업기술대학원 대학
위원	(略)	

■ 건축기화소위원회

주사	다나카 나오토(田中直人)	쇼오난 대학
간사	기다 아야코(木多彩子)	쇼오난 대학
	사카다 히로이치(阪田弘一)	교토 공예섬유대학
위원	우에다 마사토(上田正人)	어번 에이스
	우에노 히로코(上野祐子)	마케팅 다이나믹스연구소
	에모토 다츠야(江本達哉)	오사카 터미널 빌딩
	가시와라 시로오(柏原士郎)	오사카 대학 명예교수, 무코가와 여자대학
	스미노 사치히로(角野幸博)	간사이가꾸잉 대학
	사사키 마사토(佐々木正人)	다케나카 공무점
	산지 시게오(三箇茂夫)	어그너스 컨설턴츠
	다카이 히로유키(高井宏之)	메이죠 대학
	다카다 미츠오(高田光雄)	교토 대학
	도코로 치카(所 千夏)	아틀리에 CK
	하기와라 쇼고로(萩原正五郎)	오오바야시구미
	하야시 야스코(林弥寿子)	간사이 전력

■ 집필자 · 협력자

이토오 도요오(伊東豊雄)	이토오도요오 건축설계사무소
우에다 마사토(上田正人)	어번 에이스
우에노 겐쥬로오(植野源十郎)	마케팅 다이나믹스 연구소
우에노 유우코(上野祐子)	마케팅 다이나믹스 연구소
에모토 다츠야(江本達哉)	오사카 터미널 빌딩
오이다 도모미(老田智美)	NATS 환경디자인네트워크
오오츠치 가즈마사(大地一正)	前 한신전기철도
가시와라 시로오(柏原士郎)	오사카 대학 명예교수, 무코가와 여자대학
가츠라이 시로오(桂井史朗)	치바 스테이션 빌딩
기다 아야코(木多彩子)	쇼오난 대학
기요자와 다다시(清沢唯志)	오오바야시 구미
구마미 도요아키(態見豊明)	게이한 전기철도
사카다 히로이치(阪田弘一)	교토 공예섬유대학
사노 고즈에(佐野こずえ)	깅키 대학
고미치 나가모리(小路永守)	구마모토 현청
다카이 히로유키(高井宏之)	메이죠 대학
다카다 미츠오(高田光雄)	교토대학
다츠미 가즈오(巽 和夫)	교토대학 명예교수
다나카 나오토(田中直人)	쇼난 대학
도코로 치카(所 千夏)	아틀리에 CK
하시모토 노리후미(橋本範文)	JR히가시니혼 스테이션 리티링
하야시 야스코(林弥寿子)	간사이 전력
몬마 야스지(門馬泰司)	유 에스 제이

역자 | 김 영 하(金英廈)

1973 단국대학교 공과대학 건축공학과 졸업
1975 일본정부(문과부)국가장학생시험 합격
1978 일본 와세다대학교 대학원 건축학과(공학석사)
1983 일본 와세다대학교 대학원 건축학과(공학박사)
1983 미국 Harvard대학교 객원연구원
1993 일본 와세다대학교 객원교수(일본로타리재단 초빙)
2003 교과부 BK21 연구팀 참여교수
자격 일본어 건축 1급 번역가(한국번역가협회)
현재 단국대학교 건축대학 교수
단국대학교 부동산 · 건설대학원 대학원장 역임
단국대학교 교수협의회 회장 역임
고려대학교 대학원 건축공학과 강사 역임
국토해양부, 서울특별시, 경기도 공무원 연수원 강사 역임
(사)대한건축학회 부회장 역임, 참여이사
(사)한국건축가협회 명예이사
(사)한국지역사회발전학회 회장
국토해양부 중앙건축위원회 위원
대법원(법원 · 검찰청) 건축위원회 위원
저서 인간지장론 도시건축(저), 올래(저), 주거단지계획과 도시경관(저, 2006문광부 우수학술도서), 인간척도론(역), 마이크로 도시계획과 토지이용(역)

건축 · 도시재생의 실현과 환경디자인

2010년 8월 25일 1판 1쇄 인쇄
2010년 8월 30일 1판 1쇄 발행

편 저 일본건축학회
역 자 김영하
발 행 인 강해작
발 행 처 기문당
주 소 서울 성동구 공명길 39(왕십리동 966-22)
전 화 02 2295 6171(代)~5
팩 스 02 2296 8188
출판등록 1976. 10. 7 (1976-2)
홈페이지 http : // 기문당
http : // www.kimoondang.com
I S B N 978-89-6225-279-8 93540
정 가 16,000원